机电液控制系列丛书

油气管道智能封堵机理及减振控制方法

赵弘　吴婷婷　著

U0255011

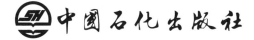
中国石化出版社

内 容 提 要

油气管道智能封堵技术在管道维抢修作业中具有重要意义，尤其在长输管道及海底油气管道的高压封堵作业中已成为至关重要的一环。本书主要包括：智能封堵器致振机理和减振控制策略、动态封堵模型分析、结构参数对封堵致振的影响、减振结构优化设计、基于运动状态的减振控制方法、扰流减振主动控制方法。在内容叙述上力求完整、条理清晰。本书的新颖之处在于提出了封堵致振问题，并从多方面进行了智能封堵器的减振研究，同时在研究方法上提供了新的跨学科视角，对油气管道智能封堵技术的发展具有重要意义。

本书可作为从事管道作业的企业、研究院所和高等院校等科研单位的参考用书。

图书在版编目（CIP）数据

油气管道智能封堵机理及减振控制方法/赵弘，吴婷婷著. —北京：中国石化出版社，2022.10
ISBN 978-7-5114-6892-5

Ⅰ.①油… Ⅱ.①赵… ②吴…Ⅲ.①石油管道-封堵-研究②输气管道-封堵-研究 Ⅳ.①TE973

中国版本图书馆 CIP 数据核字（2022）第 183014 号

未经本社书面授权，本书任何部分不得被复制、抄袭，或者以任何形式或任何方式传播。版权所有，侵权必究。

中国石化出版社出版发行

地址：北京市东城区安定门外大街 58 号
邮编：100011 电话：(010)57512500
发行部电话：(010)57512575
http://www.sinoper-press.com
E-mail：press@sinopec.com
北京艾普海德印刷有限公司印刷
全国各地新华书店经销

＊

710×1000 毫米 16 开本 9.25 印张 194 千字
2022 年 10 月第 1 版 2022 年 10 月第 1 次印刷
定价：68.00 元

前　　言

近年来，随着海洋油气开发逐渐向远海、深海发展，海洋油气的输送安全越发显得重要。海底油气管道运输以其安全高效、受海面风浪影响小等特点而被广泛采用。目前，在我国海域已建和在建的 40 多个油气田的海底管道总长超过 3000km，世界各国铺设的海底管道总长度也已超过 15×10^4 km。然而，随着开发程度的加剧，海底油气管道破裂泄漏事故明显增加，因此，安全、有效的海底油气管道维修、维护技术对于保障海底管线安全运行和避免重大泄漏灾害事件发生具有重要意义和研究价值。

管内高压智能封堵技术是近年来海底管道维修采用的新技术，该技术可大幅度节约成本、零泄漏完成修补作业，并减少了对辅助程序和设施的依赖，因此近年来受到日益广泛的关注。然而，海底油气管道高压封堵作业会导致管内流场发生突缩变化，易诱发封堵区域附近流体出现间歇性湍流，引起封堵器谐振损伤和尾流涡旋现象的产生，进而影响封堵作业安全和封堵效果。因此，探讨管内高压封堵导致的管内受阻流体在时间上和空间上的演化机理及管道、封堵器振动机理，并基于此机理提出减振控制方法，对于提高管内高压封堵作业的稳定性、有效性以及智能封堵器使用的耐久性均具有十分重要的理论与现实意义。

本书的内容是我 10 余年来在油气管道智能封堵技术方面不断研究与实践应用的总结，据此指导了多名博士和硕士研究生的学位论文研究，这些学生是吴婷婷、胡浩然、孟繁帛、高博轩、苗兴园、贺腾、马明等，其中吴婷婷在书稿撰写方面协助完成大量工作。在管内智能封堵器封堵振动机理及减振控制方法的研究中，得到了国家自然基金的资助，使该理论和方法得以不断完善。

本书的出版要感谢师长和同人们给予我的支持和帮助！感谢出版社编辑们的辛勤工作。最后，特别感谢家人的理解与支持！

赵　弘

目　　录

第**1**章

绪 论

1.1 油气管道封堵的意义

管道运输是目前能源输送的五大主要方式之一，因为具有运输量大、安全高效、快速平稳等优势，被广泛应用于石油、天然气的运输之中。在科技进步的同时，人们在生活、生产中对于石油天然气这类能源的需求也越来越大。因此，现阶段油气运输的承载水平在人民生活中具有重要意义。我国的管道运输业起源于 20 世纪 60 年代，目前正处于快速发展阶段。我国的第一条输油管道（克拉玛依—独山子段）建成于 1958 年，这标志着我国管道作为能源运输主要途径的时代开始，紧接着在 1963 年四川巴渝段的输气管道建成投产，从此开启了我国管道运输作为能源主要运输途径的时代，至今铺设完成的油气管道总长度已经超过了 10×10^4 km。近年来，越来越多的管道已达到或即将达到服役年限，油气管道所存在的问题也越来越多，如腐蚀、结蜡甚至泄漏，等等，管道运输的安全性将面临全新的挑战。2010 年美国墨西哥湾海底管线泄漏事件，2013 年山东某段输油管道破裂泄漏事件，都造成重大人员伤亡和经济损失。同时，油气管道的埋藏环境一般都比较恶劣，使得管道容易发生腐蚀等现象，严重时更是会发生火灾甚至爆炸等事故，对人们的生活和生产都具有严重危害。此外，由于管道改建、人为破坏等，也需要对油气管道进行维、抢修作业。

管道封堵作为管道维、抢修作业的第一步，也是至关重要的一步。安全稳定的封堵作业可以实现管道在维、抢修时不发生泄漏事故，保证人们的生命与财产安全。但是油气管道不停输封堵时，管内的介质流速较快，在封堵位置附近将产生巨大的水锤、涡击等现象，对管道和智能封堵器会产生巨大的振动损伤，影响管道封堵作业的稳定性和安全性。尤其是对于起伏较大位置所铺设的管道，有可能会造成管道爆裂的安全事故，图 1.1 为国内某管道在试压过程中由于管内介质相互作用而产生瞬时高压导致的管道炸裂事故。

随着人们对油气资源依赖的日益增加，管道不可避免地要铺设在起伏较大、环境压力较强等复杂环境的路段。到目前为止，国内外对于封堵过程中的减压研究较少，且大多是从调节运行速度的角度出发的，通过调节智能封堵器在管道内的运行速度减少封堵过程中的压力振动，而有关智能封堵器本身对于封堵压力影响的研究较少。

图 1.1　管道爆裂事故

1.2　油气管道封堵技术概述

近年来，在中国、印度等新兴经济体强势崛起的趋势带动下，以及油气资源开采技术的不断革新发展，极大地促进了全球油气资源产量的稳定增长。由于全球范围内油气资源分布地域性差异大，大多数国家处于产需不平衡的状态，随着经济全球化步伐的不断加快，日趋繁盛的国际贸易推动了油气资源在全球范围内的重新分配。石油和天然气的长距离输送主要依靠管道运输和水上运输，管道运输凭借其运载量大、安全高效、污染小等优势，在世界范围内得到迅猛发展。截至 2014 年，管道输送天然气占全球贸易总量的 66%，而液化天然气（LNG）贸易仅占 34%，现今油气管道建设对于国民经济发展具有极其重要的战略意义。目前，全球已建成油气输送管道超过 3500 条，总长度达到 $196 \times 10^4 \, \mathrm{km}$，其中原油管道、成品油管道、天然气干线管道总长分别为 $38.1 \times 10^4 \, \mathrm{km}$、$26.7 \times 10^4 \, \mathrm{km}$、$129.9 \times 10^4 \, \mathrm{km}$。西方发达国家油气管网建设起步早，技术成熟，而发展中国家的管道建设水平则远远落后，近年来，众多大型跨国管道的规划和建设标志着油气管道迎来了新一轮的大发展时期。一直以来，我国的油气消费总量排在世界前列，难以达到能源自给，对外依存度高，为保障能源安全，制定了能源进口渠道多元化的策略，总共规划了西北、东北、西南和海上四大油气进口通道，极大促进了我国管道建设的发展进程。

随着运营年限的累积，油气管道容易发生阻塞、腐蚀、破损等现象，需要及时更换这些问题管道，否则会对管道的正常运营造成严重影响，甚至威胁附近居民的生命财产安全。如 2013 年 7 月 27 日，在距离泰国罗勇府玛达浦工业区 10n mile 的海底石油输油管道发生了泄漏事件，附近海域污染严重；2013 年 11 月 22 日，位于我国山东青岛经济技术开发区的东黄输油管道原油泄漏流入市政暗渠发生爆炸，造成重大的群众伤亡以及经济损失。据统计，现今国内运营超过 20 年的油气管道多达六成，处于事故多发时期，安全可靠的维、抢修技术是维持老化管道正常运营的重要手段。

对油气管道进行封堵是管道维、抢修作业的第一步，也是最重要的一步。它可防止油气泄漏，保障作业环境的安全。目前在管道维、抢修作业中常用的封堵技术有冷冻封堵、不停输带压开孔封堵和管内智能封堵。

（1）冷冻封堵技术

冷冻封堵技术是将待维修管道内部充入冷冻介质，并改变外部环境的温度，使冷冻剂凝结从而形成堵塞，以达到封堵的目的。当维修作业结束后，再提高外部环境的温度使冷冻液解冻，以达到解封的目的。其工作原理如图 1.2 所示。

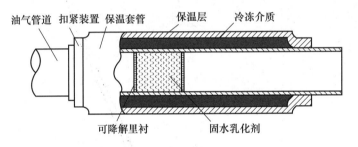

图 1.2　管道冷冻封堵技术原理图

化工部光明化工研究所在 1986 年对 ϕ273mm 输油管道进行了国内首次冷冻封堵模拟实验，并且成功实现管道封堵。实验中冷冻封堵时间为 8h40min，封堵压力为 0.7MPa，解封时间为 1h，冷冻后管道未发生脆裂。同年 6 月，研究所利用外冻法液氮冷冻封堵完成了对 ϕ273mm 输油管道的更换作业，这是冷冻封堵技术在国内油气管道维、抢修中的第一次成功运用。

近年来，冷冻封堵技术不断向大管径和高压力方向发展并成功应用于工程实践，中国石油长庆油田针对 ϕ145～ϕ700 管道研制出适用于大管径管道的冷冻封堵液及相应的工艺流程，实验结果表明，该封堵液的承压范围≤2.2MPa、承压时间≥5h；西南石油大学对小管径的冷冻封堵技术进行了大量研究，其中梁政教授成功研制出一种适用于小管径的局部冷冻固水乳化剂，实验结果表明，该乳化剂的承压能力可达到 2.5MPa。

冷冻封堵技术的优点在于操作简单且工艺成本低，缺点在于受外部环境因素影响较大，应用范围受限且在管内实现封堵的过程较长，施工效率较低。

（2）不停输带压开孔封堵技术

不停输带压开孔封堵技术是现阶段应用最多的一种封堵技术，其适用于各种工况下的管道、阀门更换等维、抢修作业，不动火切割，安全风险小，封堵管径范围广，尤其在大管径管道的封堵中表现优越，封堵承压能力强，迎合了目前油气管道建设向大管径和高输送压力方向发展的趋势，因此备受国内外相关研究机构的重视，具有良好的发展前景，如图 1.3 所示。不停输主要是通过在故障管道附近搭建旁通管道作为临时输送管线，缓解下游用户的油气需求缺口，维持正常的生产生活。

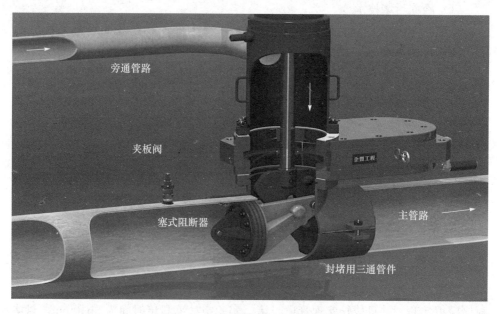

图 1.3　不停输带压开孔封堵技术

不停输带压开孔封堵技术在应用时呈现不同的形式，根据封堵装置的结构可以将不停输带压开孔封堵技术分为：悬挂式封堵技术、盘式（皮碗）封堵技术、筒式封堵技术、挡板-囊式封堵技术与折叠封堵技术，等等。其中，悬挂式封堵技术主要是针对高压管道的封堵维修，且对于输送介质没有要求，可以实现不同介质的封堵作业；盘式（皮碗）封堵技术对于中、高压管道的维修具有良好的效果，但是该项封堵技术要求封堵结构与管径尺寸一致，且无法对结垢、腐蚀较多的管道进行封堵，同时对于封堵管道的尺寸也有一定限制，主要应用于小管径管道的维修；筒式封堵技术是一种针对输气管道维修的封堵技术，且管内压力不宜过大，尤其适用于存在较大结垢、腐蚀或者变形的管道，但是施工成本较高且不适用于大口径管道；挡板-囊式封堵技术主要用于输油管道，具有效率高、成本低的优点，但是能封堵的压力较小，通常不高于 0.2MPa；折叠封堵技术对于大管径管道封堵具有较好的效果，但是能封堵的管道压力不宜过大，可以对目前世界上最大管径管道进行封堵作业，且施工成本较低。

（3）管内智能封堵技术

随着油气管道技术的发展，人们对管道封堵技术的要求也随之提高，自 20 世纪 90 年代起，管道智能封堵技术越来越多地受到关注。其工艺是从发球端将智能封堵器导入，在管内介质压差的作用下，推动智能封堵器不断向下游运动，当到达封堵位置时控制中心向智能封堵器发送封堵作业指令，推动封堵部件进行封堵作业，直至完全封堵。当管道维修作业完成后，又通过超低频电磁信号控制智能封堵器执行解封动作。此时，智能封堵器运行的主要动力来自管内介质的压力差。由于智能封堵器上游的压力大于下游压力，所以在压力差的作用下智能封堵器继续向管道下游运动，直至智能封堵器到达管道的收球端，一次封堵作业完成。

管内智能封堵技术具有工艺简单、操作方便且不需对管道进行开孔处理，作业后不会在管道上留下附加装置等优势，因此受到越来越多的关注，并且管内智能封堵技术在封堵作业后不影响管道后续的运行，与其他封堵工艺相比更加安全可靠。

迄今为止，挪威的 PSI（Plugging Specialists International，PSI）公司对管内高压智能封堵技术做出了有意义的探索，掌握了全部核心技术，直到 2005 年底 PSI 被美国的 TDW 公司收购，目前已经有成熟的产品，图 1.4 为 Smart-Plug™System 系列产品的工作原理。该系列的产品服务于陆地和海底油气管道维修均取得了良好的效果，但该公司既不进行任何方式的合作也不销售产品，只提供服务，所以费用极其昂贵。

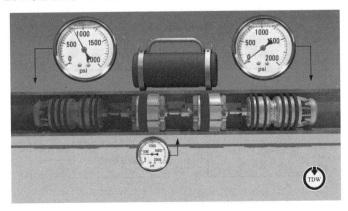

图 1.4　SmartPlug™ system 系列产品工作原理

国内对于智能封堵技术的相关研究开始得较晚，该项技术在国内是由中国石油大学（北京）赵宏林教授首次提出的，并对管内智能封堵技术中的水声通信部分进行了大量研究；中国石油大学（北京）张仕民教授对该项技术进行了深入研究，并对其整体的机械结构、密封组件和锚定组件等重要部分进行了相关分析，目前已经成功研制出了智能封堵器试验样机，并且实验测得封堵压力可达到 10MPa 左右；中国石油大学（北京）赵弘教授也对智能封堵器不同封堵阶段的流场演变规律进行了相关研究，并设计出一款基于气动肌腱的动力装置。除此之外，还未见关于管内智能封堵器封堵致振相关的研究。

1.3 智能封堵器作业流程

管内智能封堵器通过管道的清管器发球端发射进入管线，在管内前后压差的推动下向下游运动，径向均匀分布的支撑轮可调整封堵器的姿态，减小运动阻力。在靠近故障管道附近时，地面控制中心向安装在管壁上的超低频电磁脉冲信号发生器发射控制指令，该信号发生器可使信号穿透管壁与智能封堵器进行通信。接收到封堵指令后，清管模块内的旁通阀开启，封堵器前后压差减小，其运动速度降低；同时激活封堵模块中的微型液压泵开始封堵作业，内部液压缸驱动活塞杆运动，在其带动下位于封堵模块两端面的承压头和执行法兰轴向缩紧，推动锚爪沿挤压碗向斜上方运动，直到其毛刺与管壁接触并刺入一定深度，从而使封堵器锚定实现自锁。与此同时，封隔圈在挤压碗的压力作用下径向变厚，与管壁形成高压接触，从而密封管内高压介质。维修工作完成后，在解封信号控制下，系统泄压，其前后压力平衡，封堵器解封，在介质推动下继续运动至收球端，由工作人员取出，其工作原理如图 1.5 所示。

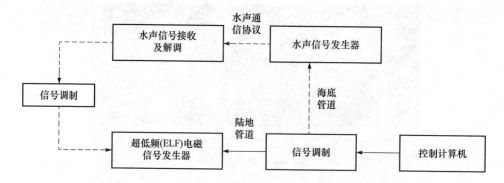

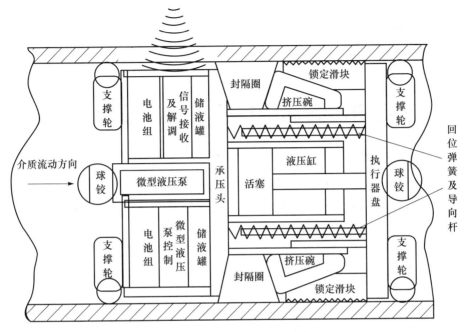

图 1.5 封堵器工作原理图

第**2**章

智能封堵器封堵致振机理及减振控制策略

　　管内智能封堵器在进行封堵作业时受到管内压力、流体、温度等多物理场的影响，因此智能封堵器、管内流体与管道之间的相互振动机制较为复杂，而国内外的相关研究较少。本章通过对管内智能封堵器封堵特征和管内流体的动力学分析，研究油气管道封堵致振的动态响应，揭示了管内智能封堵器封堵致振机理，并建立封堵过程中管内流体的运动模型、智能封堵器的动力学模型以及二者的流固耦合模型，基于封堵致振机理提出减振控制策略。

2.1　封堵致振机理研究

　　流体作用于结构使结构产生振动的现象称为流致振动，根据流致振动的激励源，可以分为外部诱导激励、不稳定诱导激励和运动诱导激励。外部诱导激励由流体或压力脉动引起，与任何流体不稳定性和结构运动无关，如在流体中的圆柱，由湍流使圆柱表面压力脉动，导致湍流振动或湍流诱导激励。不稳定诱导激励与流体不稳定性和局部流体振荡有关，如圆柱结构尾流附近的交替漩涡脱落，在这种情况下，考虑可能存在的控制机理调节和使激励强度增加的可能性，包括流体共振或流弹性反馈。运动诱导激励由结构运动导致脉动力，因此该振动形式为自激振动。

　　结构在风作用下产生的振动称为风致振动，按振动机理可分为涡击共振、驰振、颤振及抖振。涡击振动是一种在低风速下常常发生的振动形式，其兼有强迫振动与自激振动的性质。通常情况下，结构物背风尾流中周期脱落的旋涡引起的涡击力只会引起较小的结构响应，然而，当旋涡脱落频率与结构固有频率接近时，结构与气流之间便会出现强烈的相互作用效应，称为涡击共振。驰振是一种钝体截面的细长结构在空气中的气动不稳定现象，是发散型的自激振动。D形、H形、矩形及裹冰输电线等截面形式最有可能发生此类振动，在一定条件下，这些结构在垂直于气流方向会出现大幅度的振动，振动频率远低于旋涡脱落频率。根据来流的不同，可以分为尾流驰振与横风向驰振。颤振是由于结构与风力的气动耦合作用而产生的扭转型或弯扭耦合型失稳振动。最初出现的颤振是在航天航空领域，机翼上出现的颤振是人们最先认识的气动弹性振动之一。颤振按其振动形态分为弯扭耦合颤振和分离流颤振。抖振是结构在湍流风作用下发生的强迫振动，是一种限幅振动。根据来流产生方式的不同，可以将结构抖振响应分为结构物自身尾流引起的抖振、其他结构物紊流引起的抖振及自然风脉动成分引起的抖振三类。

管内流体在智能封堵器的作业下随着封堵进程的增加流体通过的截面会迅速地减少，从而引起较大的振动现象，定义该现象为封堵致振。管内流体使得管道结构产生振动，振动的管道结构又与智能封堵器结构相互作用，从而又影响了管内流体的振动形式，形成较为复杂的流固耦合现象。因此，在研究封堵致振问题时，不仅要研究管内流体的运动特性和智能封堵器的运动特性，还要进一步地研究智能封堵器与管内流体之间的流固耦合作用对管内及智能封堵器振动的影响。

2.2　封堵过程中流体运动模型

管道内的流体运行形式基本符合牛顿流体，图 2.1 所示为封堵管道内的一个微元段，管道中心线与水平线的夹角为 β。沿管道中心线 x 方向流体的密度、速度、压力分别为 ρ，V，P，那么在 $x+\mathrm{d}x$ 的位置时，其密度、速度、压力分别为 $\rho+\dfrac{\partial \rho}{\partial x}\mathrm{d}x$，$V+\dfrac{\partial V}{\partial x}\mathrm{d}x$，$P+\dfrac{\partial P}{\partial x}\mathrm{d}x$，而流体通过的当量截面积为 A。

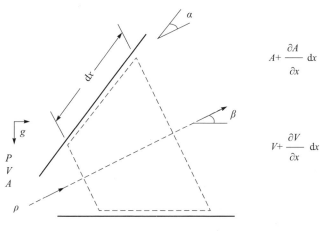

图 2.1　一维流动的管段微元

该微元段满足质量守恒方程：

$$\frac{\partial(\rho A)}{\partial t}+\frac{\partial(\rho VA)}{\partial x}=0 \tag{2.1}$$

对式（2.1）进行求导，则该公式改写为：

$$\rho \frac{\partial A}{\partial t} + A \frac{\partial \rho}{\partial t} + \rho V \frac{\partial A}{\partial x} + \rho A \frac{\partial V}{\partial x} + VA \frac{\partial \rho}{\partial x} = 0$$

$$\Downarrow \tag{2.2}$$

$$\frac{1}{A} \frac{\partial A}{\partial t} + \frac{1}{\rho} \frac{\partial \rho}{\partial t} + \frac{V}{A} \frac{\partial A}{\partial x} + \frac{\partial V}{\partial x} + \frac{V}{\rho} \frac{\partial \rho}{\partial x} = 0$$

$$\frac{1}{A} \left(\frac{\partial A}{\partial t} + V \frac{\partial A}{\partial x} \right) + \frac{1}{\rho} \left(\frac{\partial \rho}{\partial t} + V \frac{\partial \rho}{\partial x} \right) + \frac{\partial V}{\partial x} = 0 \tag{2.3}$$

管道在流体压力的作用下将产生微量的形变，该部分形变满足质量守恒定律，所以该部分的变化可以表示为：

$$\frac{1}{A} \left(\frac{\partial A}{\partial t} + V \frac{\partial A}{\partial x} \right) = \frac{D(1-\varepsilon^2)}{eE} \left(\frac{\partial \rho}{\partial t} + V \frac{\partial \rho}{\partial x} \right) + \frac{V}{A} \frac{\partial A}{\partial x}$$

$$\frac{1}{\rho} \left(\frac{\partial \rho}{\partial t} + V \frac{\partial \rho}{\partial x} \right) = \frac{1}{K} \left(\frac{\partial \rho}{\partial t} + V \frac{\partial \rho}{\partial x} \right) \tag{2.4}$$

其中，D 为管道的直径，e 为管道壁厚，E 为管道的杨氏模量，K 为流体的弹性模量，ε 为泊松比。将以上参数和式（2.4）代入式（2.3）中，则：

$$\frac{\partial \rho}{\partial t} + V \frac{\partial \rho}{\partial x} + \frac{\rho a^2}{\zeta} \frac{\partial V}{\partial x} + \frac{\rho a^2}{\zeta} \frac{V}{A} \frac{\partial A}{\partial x} = 0 \tag{2.5}$$

其中：$\begin{cases} a = \sqrt{\dfrac{K}{\rho}} \\ \zeta = \dfrac{1 + KD\,(1-\mu^2)}{eE} \end{cases}$

由流体力学可知，流体质点的加速度包含时变加速度和位变加速度，时变加速度是因为时间变化而引起速度变化所产生的加速度，位变加速度是因为位置变化而引起的速度变化所产生的加速度，在柱坐标下，轴向和径向加速度分别为：

$$a_z = \frac{\partial V_z}{\partial t} + V_z \frac{\partial V_z}{\partial z} + V_r \frac{\partial V_z}{\partial r} \tag{2.6}$$

$$a_r = \frac{\partial V_r}{\partial t} + V_z \frac{\partial V_r}{\partial z} + V_r \frac{\partial V_r}{\partial r} \tag{2.7}$$

因此，流体的轴向运动方程：

$$\rho \frac{\partial V_z}{\partial t} + \rho V_z \frac{\partial V_z}{\partial z} + \rho V_r \frac{\partial V_z}{\partial r} + \frac{\partial \rho}{\partial z} = f_z + \mu \left[\frac{1}{r} \frac{\partial}{\partial r} \left(r \frac{\partial V_z}{\partial r} \right) + \frac{\partial^2 V_z}{\partial z^2} \right] \tag{2.8}$$

流体的径向运动方程为：

$$\rho \frac{\partial V_r}{\partial t} + \rho V_z \frac{\partial V_r}{\partial z} + \rho V_r \frac{\partial V_r}{\partial r} + \frac{\partial \rho}{\partial r} = f_r + \mu \left[\frac{1}{r} \frac{\partial}{\partial r} \left(r \frac{\partial V_r}{\partial r} \right) - \frac{V_r}{r^2} + \frac{\partial^2 V_r}{\partial z^2} \right] \tag{2.9}$$

其中，V_z 为流体的轴向流速；V_r 为径向流速；f_z 为流体体积力在轴向上的分量；f_r 为流体体积力在径向上的分量；r 为径向坐标；z 为轴向坐标；t 为时间；μ 为介质的动力黏度。对于倾斜管道，轴向体积力的分量为 $f_z = \rho g \sin\gamma$，其中 γ 为管道的倾斜角。

此外，流场的连续性方程为：

$$\frac{\partial V}{\partial t} + V\frac{\partial V}{\partial x} = -\frac{1}{\rho}\frac{\partial \rho}{\partial x} - \frac{f}{2}\frac{V|V|}{D} - g\sin\beta \tag{2.10}$$

其中，f 为水力摩擦系数，取决于流场雷诺数的大小。即：

$$Re = \frac{\rho VD}{\mu} \tag{2.11}$$

其中，$\begin{cases} Re < 3000 & f = \dfrac{64}{Re} \\ 5\times10^4 \geqslant Re \geqslant 3000 & f = 0.3164Re^{-0.25} \end{cases}$

2.3　封堵过程中智能封堵器运动模型

智能封堵器在管道内部的运动模型满足质量守恒和动量守恒方程。因此，智能封堵器在油气管道中主要受到的力大致可分为两种，即提供智能封堵器前进动力的推力和阻碍其运动的阻力。智能封堵器在这两种力的共同作用下保持在一定的速度范围里运行，其受力情况如图 2.2 所示。

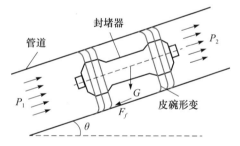

图 2.2　智能封堵器在管道中的受力示意图

由于智能封堵器是在管道内前、后压差的作用下运行的，所以其运动规律符合牛顿第二定律：

$$m\frac{\mathrm{d}v}{\mathrm{d}t} = (P_1 - P_2)A - F_g - F_f \tag{2.12}$$

其中，v 是智能封堵器的运行速度，P_1 是智能封堵器下游压力，P_2 是智能封堵器上游压力，A 是智能封堵器当量截面积，θ 是管道与水平线之间的夹角，F_g 是智能封堵器自重在速度方向的分量，F_f 是智能封堵器与管壁之间的摩擦力。

智能封堵器自重在速度方向的分量在不同的管道中起到不同的作用。在水平管道中智能封堵器的自重完全转化为对管道的压力。当智能封堵器在垂直向上和斜向上的管道中运行时，智能封堵器的自重转化为阻力的一部分，为保证运行速度，此时需要更大的推力推动智能封堵器运行。而当智能封堵器在垂直向下和斜向下的管道中运行时，智能封堵器的自重转化为推力的一部分，此时应该适当地减速以防止智能封堵器加速度过大。因此，在垂直向上和斜向上的管道中智能封堵器自重在速度方向的分量为：

$$F_g = -mg\sin\theta \tag{2.13}$$

在垂直向下和斜向下的管道中智能封堵器自重在速度方向的分量为：

$$F_g - mg\sin\theta \tag{2.14}$$

其中，m 是智能封堵器的质量，g 是重力加速度。

而且智能封堵器与管壁之间的摩擦力 F_f 主要来自皮碗自身的过盈量和管道内壁的挤压使皮碗变形而产生的弹性压紧力。根据皮碗与管壁的过盈配合关系得到摩擦力模型：

$$\begin{cases} F_f = -2\pi r_p L_{pw}\mu_f N_f \\ N_f = \dfrac{E_i\delta_p}{r_p(1-\varepsilon_i)} \end{cases} \tag{2.15}$$

其中，r_p 为智能封堵器半径，L_{pw} 为智能封堵器与管壁的接触长度，μ_f 为智能封堵器与管壁的摩擦系数，N_f 为接触面压力，E_i 为皮碗的弹性模量，δ_p 为皮碗的半径变化量，ε_i 为皮碗的泊松比。

将式（2.14）和式（2.15）代入式（2.12），则在封堵过程中智能封堵器的受力模型可以表示为：

$$m\frac{\mathrm{d}v}{\mathrm{d}t} = (P_1 - P_2)A \pm mg\sin\theta - 2\pi r_p L_{pw}\mu_f \frac{E_i\delta_p}{r_p(1-\varepsilon_i)} \tag{2.16}$$

在不考虑智能封堵器外部的能量输入时，智能封堵器的轴向运动模型可以表示为：

$$\rho_p \frac{\partial v_z}{\partial t} + \rho_p v_z \frac{\partial v_z}{\partial z} + \rho_p v_r \frac{\partial v_z}{\partial r} = f_{pz} + \frac{\partial \sigma_z}{\partial z} + \frac{1}{r}\frac{\partial(r\tau_{rz})}{\partial r} \tag{2.17}$$

智能封堵器的径向运动模型可以表示为：

$$\rho_p \frac{\partial v_r}{\partial t} + \rho_p v_z \frac{\partial v_z}{\partial z} + \rho_p v_r \frac{\partial v_r}{\partial r} = f_{pr} + \frac{\partial \tau_{rz}}{\partial z} + \frac{1}{r}\frac{\partial(r\sigma_r)}{\partial r} - \frac{\sigma_\theta}{r} \tag{2.18}$$

其中，ρ_p 为智能封堵器的密度，v_z 为智能封堵器的轴向速度，v_r 为智能封堵器的径向速度，f_{pz} 为智能封堵器的轴向体积力分量，f_{pr} 为智能封堵器的径向体积力分量，σ_r 为径向应力，σ_θ 为环向应力，τ_{rz} 为剪切应力。

2.4　智能封堵器与管内流体的流固耦合模型

流体和固体之间的耦合作用是通过耦合接触边界来实现的，从上述所分析的智能封堵器和流体的运动模型中可以看出，通过接触边界的力和位移的协调关系可实现智能封堵器与管内流体的耦合，得出考虑流固耦合作用时智能封堵器和管内流体的相关模型。考虑到智能封堵器的外部结构为不规则形状，对于其耦合模型的研究较为复杂，因此将智能封堵器结构简化为若干个半径为 R_i 的圆柱体，则在 $r=R_i$ 处即为智能封堵器与管内流体的交界面，其边界条件为：

$$\begin{cases} \tau_{rz} \mid_{r=R} = -\tau_w \mid_{r=R} \\ \sigma_r \mid_{r=R} = -P \mid_{r=R} \\ v_r \mid_{r=R} = -V_r \mid_{r=R} \end{cases} \tag{2.19}$$

其中，τ_w 为牛顿流体的固壁摩擦剪力。则在 $r=R+\delta$ 处的边界条件为：

$$\begin{cases} \tau_{rz} \mid_{r=R+\delta} = 0 \\ \sigma_r \mid_{r=R+\delta} = 0 \\ v_r \mid_{r=R+\delta} = 0 \end{cases} \tag{2.20}$$

将边界条件代入流体轴向运动模型中，得到：

$$\rho \frac{\partial V_z}{\partial t} + \frac{\partial P}{\partial z} = -\frac{2}{R} \tau_w \tag{2.21}$$

将边界条件分别代入智能封堵器的轴向、径向运动模型中，得到：

$$\begin{cases} \rho_p \dfrac{\partial v_z}{\partial t} = \dfrac{\partial \sigma_z}{\partial z} + \dfrac{2R}{(2R+\delta)} \tau_w \\ \rho_p \dfrac{\partial v_r}{\partial t} = \dfrac{2R}{(2R+\delta)} P \mid_{r=R} - \dfrac{2}{2R+\delta} \sigma_\theta \end{cases} \tag{2.22}$$

根据胡克定律可知，智能封堵器的应力-应变关系可以表示为：

$$\begin{cases} \dfrac{\partial v_z}{\partial z} = \dfrac{1}{E} [\sigma_z - v(\sigma_\theta + \sigma_r)] \\ \dfrac{v_r}{r} = \dfrac{1}{E} [\sigma_\theta - v(\sigma_z + \sigma_r)] \\ \dfrac{\partial v_r}{\partial r} = \dfrac{1}{E} [\sigma_r - v(\sigma_z + \sigma_\theta)] \end{cases} \tag{2.23}$$

2.5 管内智能封堵器减振控制策略

通过对封堵致振机理的探究，结合封堵过程中管内流体的运动模型、智能封堵器的动力学模型以及二者的流固耦合模型分析，将管内智能封堵器的减振控制分为两个主要方面，即智能封堵器结构参数的控制与管内流体运行状态的控制。

减振控制是振动控制中的一种，其目的是通过一定的控制方法使得控制对象可以按照人们预期的要求进行振动。为了实现管内智能封堵器的减振控制，确定以下四个环节：

① 确定振源特性与振动特征：管内智能封堵器的振动是在封堵过程中管内流体可通过面积的减少而引起的涡击振动，从而又与管内智能封堵器和管道形成

流固耦合现象，其振源位置、振动特征可根据 2.2～2.4 节的运动模型结合模拟分析确定。

② 确定减振控制水平：管内智能封堵器的运行速度、封堵过程中管内流场的阻力系数和升力系数。

③ 确定减振控制策略：常用的减振方式有消振、隔振、结构修改、阻振和吸振等，如图 2.3 所示。针对管内智能封堵器的封堵作业方式，选择消振、结构修改和吸振三种方式设计减振模型。

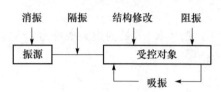

图 2.3　常用减振控制方式

④ 设计与分析：对管内智能封堵器减振控制方法进行设计，并结合仿真与实验分析减振控制方法的优劣性。

在本系统中振源与受控对象均为管内智能封堵器，所以无法通过隔振的手段对该系统进行减振控制；至于阻尼减振则需要在智能封堵器上加入附加元件，因为管内区域有限，且在封堵完成时智能封堵器与管壁呈过盈配合，所以无法在其中加入阻尼元件。因此，在管内智能封堵器减振控制方法中主要采用结构修改、消振和吸振三种方式，这三种减振方式分别对应于智能封堵器结构参数的修改、智能封堵器运行速度的控制与智能封堵器主动减振控制，如图 2.4 所示。

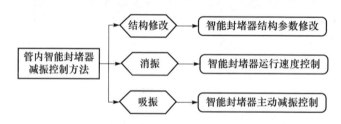

图 2.4　管内智能封堵器减振控制方法

综上所述，通过对油气管道封堵特征和管内流体动力学分析，研究了油气管道封堵致振的动态响应，揭示了管内智能封堵器封堵致振机理，并建立了封堵过程中管内流体的运动模型、智能封堵器的动力学模型以及二者的流固耦合模型，得到影响封堵致振的三个主要因素为智能封堵器结构参数、智能封堵器运行速度以及管内流场的相关参数。同时，根据封堵致振机理提出管内智能封堵器减振控制机理。

第3章

智能封堵器动态封堵模型及力学分析

3.1 动态封堵模型设计

近年来，油气管道建设不断向大口径、高压力方向发展，管道输送能力进一步提高。在运用传统封堵技术进行管道封堵作业时，施工周期较长，造成的经济损失严重，因此管内智能封堵技术受到广泛关注，成功应用的工程案例越来越多。在参考实际管内智能封堵器的外形结构和工作流程的基础上，设计了一套可实现动态封堵过程并能调节封堵动作的智能封堵器模型，目的是还原整个封堵动作过程，深入研究封堵过程中流场特征参数变化规律。

3.1.1 动态封堵模型结构

管内智能封堵器实际的封堵过程是在液压缸的作用下，挤压碗和承压头两端的挤压使得封隔圈轴向压缩，同时径向变厚直至与管壁形成高压接触。由于橡胶的变形过程为非线性，不利于对封堵速度进行定量分析，因此在分析管内封堵器封堵过程中外形变化的特点后，决定采用能够实现线性变化的机械结构代替封隔圈模拟封堵过程。由于实验所用管道直径小，所以将封堵的动力系统置于管外，采用步进电机和滚珠丝杠螺母副进行直线驱动。新设计的管内动态封堵模型主要分为推筒、滑块、锥筒、橡胶套四部分。

推筒类似于管内封堵器的承压头，结构如图 3.1 所示。其左侧与推杆连接，用于传递步进电机的推力；右侧与滑块接触，推动滑块沿燕尾形滑道向右移动；中间有一导向杆，与锥筒形成圆柱面接触，可保证两者在封堵过程中始终为共轴状态。滑块结构如图 3.2 所示，一共有四个，沿周向分布。滑块通过燕尾形滑道与锥筒配合，使滑块可沿轴向平稳滑动。在其向右滑动过程中，所有滑块组成的外缘轮廓不断扩张，来近似代替封堵边界。

锥筒结构如图 3.3 所示，锥筒左侧锥台有四条燕尾形滑道与滑块连接，中间为圆柱形滑道与推筒连接，右侧圆柱体上设计有两个定位孔，可利用安装在管壁上的顶丝将封堵器模型固定在管内，并可通过调节顶丝来使封堵器模型与管道保持同轴。橡胶套结构如图 3.4 所示，它由硬质橡胶压制而成，在封堵过程中，由于滑块外缘轮廓的扩张，使其周向张紧拉伸，直径变大，直至最终与管内壁接触实现封堵。

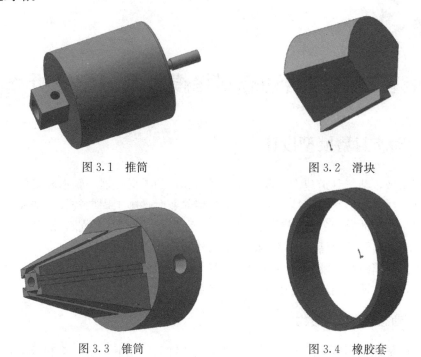

图 3.1　推筒

图 3.2　滑块

图 3.3　锥筒

图 3.4　橡胶套

3.1.2　动态模型工作原理

　　动态封堵模型装配图如图 3.5 所示，锥筒通过定位孔固定在管内，利用两边的顶丝调节锥筒位置，使其保持与管道同轴。锥筒内部有圆柱形滑道与推筒导向杆形成面接触，保证了两者在封堵运动过程中不会发生径向错位。在封堵过程中，推筒在滚珠丝杠的驱动下推动被橡胶套包裹的四个滑块沿燕尾槽滑道向右运动，封堵器轴向收缩，而橡胶套在滑块径向力的作用下均匀扩张，最终外表面与管壁接触完成封堵。

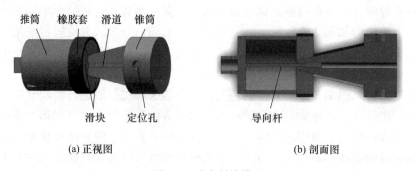

推筒　橡胶套　滑道　锥筒

滑块　定位孔

导向杆

(a) 正视图

(b) 剖面图

图 3.5　动态封堵模型

3.2　动态封堵模型动力学分析

机械动力学是研究机械在力的作用下的运动，或机械在运动中产生的力的科学，是现代机械设计的理论基础，同时也是用于指导机械设计的重要手段。其主要研究两类问题：一是运动学分析问题。在已知机械的物理参数和几何参数条件下，通过给定运动参数求受力，或给定受力求运动参数。二是动力学综合问题。在已知运动参数和受力条件下，求机械结构，属于机械设计范畴。它通常把机械系统看作具有理想、稳定约束的刚体系统，建立系统动力学方程，由于其常为多参量非线性微分方程，难以直接求解，通常采用数值方法迭代求解。

3.2.1　ADAMS 软件介绍

随着计算机技术的不断发展，数值计算速度大大提高，从而促进了机械动力学分析软件的日趋丰富，极大提高了工程设计人员的效率。以下主要通过 AD-AMS 软件研究设计的封堵器模型在步进电机的驱动下运动的可行性和稳定性，得到丝杠进给速度与封堵速度之间的数学关系。

ADAMS 是目前应用最为广泛的多体动力学软件，由美国机械动力公司开发。它使用交互式图形环境和零件库、约束库、力库，创建完全参数化的机械系统几何模型，其求解器采用拉格朗日方程方法，建立系统动力学方程，对虚拟机械系统进行静力学、运动学和动力学分析，输出各构件的运动参数和受力曲线，图 3.6 所示为 ADAMS 求解流程。其计算结果可用于预测机械系统的运动性能、受力状态以及所受载荷等。

3.2.2　ADAMS 的机械系统动力学方程

利用 ADAMS 求解机械动力学问题，首先用非自由质点系来表示机械系统，将其动力学普遍方程变换到广义坐标中，即得到拉格朗日方程。在此基础上用拉格郎日乘子法处理带多余自由度的完整约束方程和非完整约束方程就可以得到一般机械系统的运动微分方程。ADAMS 用刚体 j 的直角坐标和欧拉角作为广义坐标 $q_j = [x, y, z, \Psi, \theta, \varphi]_j^T$，对于有 n 个刚体的系 $q = [q_1^T, q_2^T, \cdots, q_n^T]^T$，则机械系统的运动微分方程如式（3.1）所示，此为二阶代数微分方程组。

$$\frac{\mathrm{d}}{\mathrm{d}t}\left(\frac{\partial T}{\partial \dot{q}}\right)^T - \left(\frac{\partial T}{\partial q}\right)^T + \alpha\varphi_q^T + \beta\theta_q^T = Q \qquad (3.1)$$

其中，T 为系统动能，q 为系统广义坐标列阵，Q 为广义力列阵，α 为完整约束的拉氏乘子列阵，β 为非完整约束的拉氏乘子列阵。式（3.2）和式（3.3）分别为完整约束方程和非完整约束方程：

$$\varphi(q,t) = 0 \tag{3.2}$$

$$\theta(q,\dot{q},t) = 0 \tag{3.3}$$

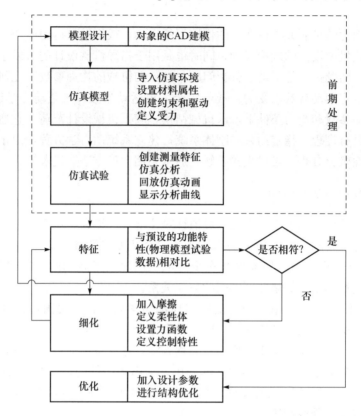

图 3.6　ADAMS 求解流程图

令 $u-\dot{q}=0$，把式（3.1）降阶为一阶代数微分方程组并改写成一般的形式如下所示：

$$\begin{cases} F(q,u,\dot{u},\lambda,t) = 0 \\ \Phi(q,t) = 0 \\ G(u,\dot{q}) = u - \dot{q} = 0 \end{cases} \tag{3.4}$$

其中，λ 为约束反力及作用力列阵，Φ 描述约束的代数方程列阵，F 为系统动力学微分方程及用户定义的微分方程，定义系统的状态向量 $y = [q^T, u^T, \lambda^T]^T$，则式（3.4）可改写为更简单的形式，如式（3.5）所示：

$$g(y,\dot{y},t) = 0 \tag{3.5}$$

3.2.3　仿真结果及其分析

根据 3.1 节所述模型结构利用 Solidworks 软件建立装配体模型，导入 AD-

AMS软件后定义各部件材料的属性，然后需要根据机构的运动方式从约束库中选取特定的约束条件来定义构件之间的相对运动。因为本次模拟仅针对智能封堵器，所以将推筒设置为驱动件，施加匀速驱动，同时其与滑块为平面副连接，而橡胶套与滑块之间为弹性连接，滑块与锥筒滑道为移动副连接，锥筒为固定件，仿真模型如图3.7所示。

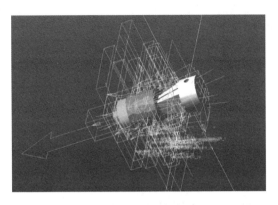

图3.7　ADAMS建模

利用ADAMS仿真完整封堵过程后，模型中四个滑块的运动参数曲线如图3.8所示，图3.8（a）和图3.8（b）分别展现了四个滑块在 y、z 轴方向的运动速度和位移变化情况，均呈现匀速同步运动的状态，结果说明在推筒的匀速驱动下，封堵器模型可平稳匀速地完成整个封堵过程，并可通过改变驱动速度来实现不同的封堵速度。

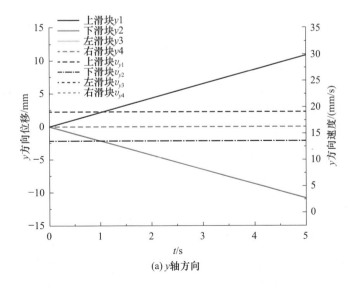

(a) y 轴方向

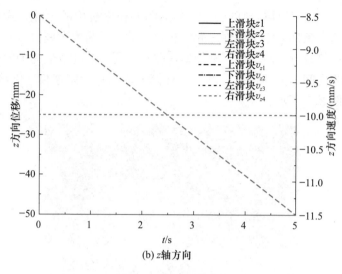

图 3.8 滑块运动曲线

在了解实际管内封堵器工作原理的基础上，设计了一套可复现动态封堵过程的动态封堵模型，在结构上做了适当改进，以便对封堵速度进行定量分析。利用ADAMS 软件对设计的模型进行动力学分析，仿真结果显示推筒在匀速驱动下，可平稳地推动滑块沿滑轨运动，完成封堵动作。

3.3 智能封堵器作用下的管壁应力分析

油气运输管道在运行过程中，需要受到管道内部和外部环境的压力作用，而这也是管道出现裂纹而导致漏油漏气事件的主要原因之一。管内智能封堵器在封堵抢修过程中属于带压封堵，随着封堵进度的增大，管内上游的压力会越来越大，这种情况增加了管道裂纹出现的概率，为安全作业带来隐患，因此，对管内智能封堵器在封堵过程中管壁的应力变化进行分析很有必要。

运用 ABAQUS 分析软件进行计算分析。由于 ABAQUS 具有强大的应力分析功能，而对结构比较复杂的实体，其建模能力有限，因此，利用 SolidWorks建模软件进行三维建模，然后将模型导入 ABAQUS 软件进行应力分析。

3.3.1 ABAQUS 应力分析过程

（1）导入 SolidWorks 文件进入 ABAQUS

SolidWorks 直接生成的文件 .sldprt 文件不能直接被 ABAQUS 所使用，需要将模型输出为 .x_b 格式文件方可导入。导入时，直接导入装配体，不需导入零部件再在 ABAQUS 中进行装配。导入的同时所生成的零件均为非独立性部件。

（2）定义各个部件的材料及截面属性

管道和除密封圈外的封堵器的其他部分，均选用 X70 钢材料。密封圈选用橡胶材料。为简化定义步骤，同时将封堵器的钢体部分的材料定义为 X70 钢，设定泊松比为 0.3，杨氏模量为 210GPa。橡胶材料泊松比设定为 0.47，弹性模量为 0.00874。根据材料及实体的形状设置截面属性，封堵器为钢体，管道为钢壳，密封圈为橡胶实体。

（3）定义分析步和输出请求

该步骤的目的是定义最终输出的相应数据、分几步完成计算，以及分别在哪一步实现何种数据的输出。由于本次分析要求得到管道和封堵器相应部分的应力分布，因此在设定时建立一个分析步即可。本次分析只需要输出应变和应力分布即可。

（4）定义载荷、边界条件

由于在分析管内封堵器时，其所受压力均为静压力，因此将管道内流体带来的压力进行简化，分别作用于封堵器和管道的各个表面上，以此来观察应力分布和应变分布以及应力集中的位置。

压力作用主要分为四个部分：一是对于密封圈前部除锁定滑块外的各个表面定义表面压强 6MPa；二是密封圈后部各个表面定义压强 5.5MPa；三是锁定滑块表面的嵌入压强 20MPa；四是密封圈受到的管道内壁对它的压强 12MPa。

管道压力分布主要分为三个部分：一是封堵上游管道内表面压力为 6MPa；二是封堵下游管道内表面压力为 5.5MPa；三是管道外表面上的压力为 5MPa。管道在运行过程中处于固定状态，因此，管道边界条件为整体固定不动。

（5）划分网格

由于模型是由第三方软件导入的，因此属于非独立的部件实例，在划分网格时需要对模型的每个部件逐个划分。由于模型的几何形状非常规范，所以使用的密度和梯度为默认值即可，无需修改。对于部件实体的划分，规则的几何体大多使用的是四面体结构。根据本次模型的特点，选用自由分网技术。设定完网格参数后对模型的各个零部件逐一划分网格。

由于模型中的部件数过多，模型的整体复杂程度太大，因此模型的接触对极多，很容易出现定义的接触不符合实际的情况；模型部件边界条件定义容易缺失，导致最后计算分析的不收敛；分析过程中关键部位分析不到，非关键部位占用分析资源，分析过程中极容易出现很多错误。

因此，为了能够快速、准确地得到应力分析结果，可以对模型进行简化，简化过程中，去掉了封堵器导轮等一些非关键部件。

（6）提交作业进行分析计算

简化后的模型经过各种定义，检查了网格的畸变数后，基本达到分析要求，随后开始提交、管理并监控作业。管理和监控作业的目的在于，查看分析过程中，出现何种问题，是否严重影响对模型的应力分析。检查无误后便可提交作业进行计算。

3.3.2 应力计算结果分析

图 3.9~图 3.12 为在载荷相同的情况下，管内智能封堵器在封堵过程中，锁定滑块嵌入到管道内壁不同深度时管道的应力分布情况。

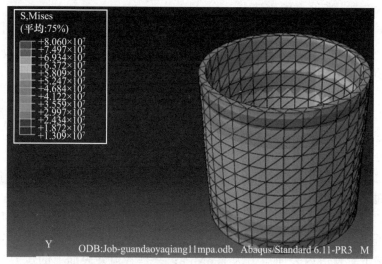

图 3.9 封堵开始时管壁应力分布

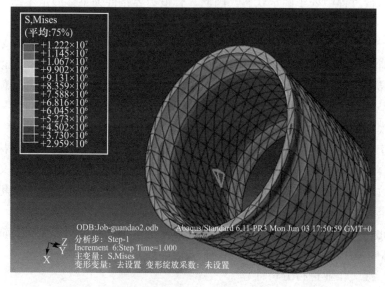

图 3.10 锁定滑块开始嵌入管道内壁时管道应力分布

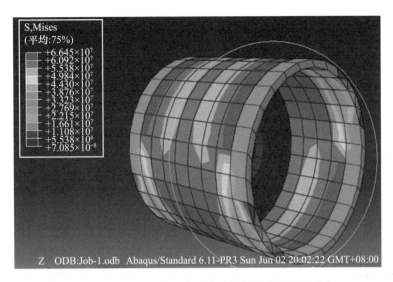

图 3.11 锁定滑块嵌入管道内壁较深时管道应力分布

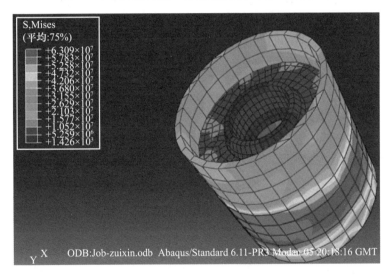

图 3.12 锁定滑块完全嵌入管道内壁时管道应力分布

从图 3.9～图 3.12 可以看出,随着封堵进度的不断增大,锁定滑块嵌入管道内壁越来越深,管道所受应力也越来越大。管道应力最大的位置出现在锁定滑块嵌入管道处,从管道内壁逐渐延伸到管道外壁。图 3.13 所示为封堵过程中管壁最大应力变化的情况。从图 3.13 中可以看出,封堵开始时管道所受最大应力为 30MPa 左右,锁定滑块刚开始嵌入管道内壁时最大应力为 12.22MPa,锁定滑块嵌入管道内壁较深时最大应力为 66.45MPa,锁定滑块完全嵌入管道内壁时最大应力为 63MPa。从开始封堵到锁定滑块接触管道内壁,应力有所下降,嵌入较

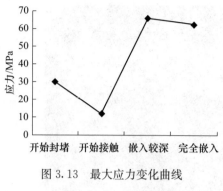

图 3.13　最大应力变化曲线

深时达到最大，封堵稳定后的应力为 63MPa，管道的屈服极限为 200MPa，因此管壁的应力处于安全范围之内。

利用应力分析软件 ABAQUS 对管内智能封堵器在封堵过程中管道的应力分布进行了有限元分析计算，得到了管道的应力分布情况，发现封堵过程中应力最大的位置发生在与锁定滑块接触的管道内壁，并向管道外壁延伸，最大应力为 66.45MPa，处于安全范围之内。

综上所述，在了解实际管内封堵器工作原理的基础上，设计了一套可复现动态封堵过程的动态封堵模型，在结构上做了适当改进，以便对智能封堵器结构参数、运动速度与管内流场的关系进行定量分析。利用 ADAMS 软件对设计的模型进行动力学分析，仿真结果显示推筒在匀速驱动下，可平稳地推动滑块沿滑轨运动，完成封堵动作。利用 ABAQUS 软件对设计的模型进行受力分析，结果表明简化后的智能封堵器结构可以用于管内动态封堵实验。

第 4 章

智能封堵器结构参数对封堵致振的影响

4.1 管内智能封堵器周围流场特征的 PIV 实验

4.1.1 PIV 技术简介

PIV (Particle Image Velocimetry) 叫作粒子成像测速法，通过高速相机拍摄分散在被测量流场中的示踪粒子的运动轨迹，运用图像处理软件得出粒子运动的速度场分布。PIV 的优势在于可以拍摄三维流场中的示踪粒子运动轨迹，能从速度场分布中更直观地看出粒子的速度矢量。粒子成像测速法是流体力学领域在进行实验过程中一个重要的工具，其结合了高速成像技术和三维立体测速技术，从立体的角度验证已得出理论模型的准确程度和在工程实际应用中的普遍性。

PIV 整个测量系统主要包括高速相机、远心镜头、激光发生器和后处理软件，如图 4.1～图 4.3 所示。

图 4.1　Hi-Sense 600 高感光度 CCD 相机

图 4.2　远心镜头

图 4.3　激光发生器

高速相机：高速相机的应用源于工业生产，正是由于其拍摄频率高和成像速度快的特性，在粒子成像系统中得到了广泛的应用。本书实验过程中选用的是 Hi-Sense 600 系列高感光度 CCD 相机。

镜头：镜头作为成像的重要部分，其选取直接影响最后图像的计算结果。为了减少三维重构的计算量，提高重构精度，降低使用者的操作难度，推荐使用远心镜头。远心镜头的分辨率较高，景深较宽，保证了在 ·定焦距范围内不改变图片放大数倍以后的质量，将拍摄的照片畸变降到最低。

激光发生器：激光发生器的功能就是发射出激光照亮被测流场中的示踪粒子，保证示踪粒子反光光源的亮度。选择激光发生器的标准是其发射出的激光能量的大小，本书实验过程中选取的是双脉冲量 400mJ。

4.1.2 实验安排

实验对象为不同端面形状的管内智能封堵器，通过 PIV 分析得出其在圆管中进行封堵时周围流场的分布。流体介质为纯液态的水，封堵器进度分别为 0％、25％、50％、75％、99％五种，不同端面形状的管内智能封堵器如图 4.4 所示。

(a) 台阶端面的管内智能封堵器

(b) 半球端面的管内智能封堵器

(c) 抛物端面的管内智能封堵器

图 4.4　管内智能封堵器加工模型

实验用的管道为亚克力材料，能够承受一定的压力，透明程度好，能够更好地拍摄出流场中示踪粒子的运动轨迹。实验管段长 25cm，管道内径 2.5cm。实验整体系统示意图如图 4.5 所示。

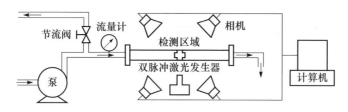

图 4.5　实验整体系统图

图 4.5 中箭头表示流向，经过泵和流量计，流经实验管段，回到水收集系统，进行循环使用。为保证入口速度维持稳定值，在管道入口处安装流量计，并在流量计上游装阀以调节流量大小，进而控制入口速度。通过激光照亮需要测量流场的区域，分布在四角的相机通过镜头拍摄出图片传到主机中进行计算。具体的实验布置如图 4.6 所示。

(a) 测量计算设备　　　　　　　　　　　(b) 管泵循环系统

图 4.6　实验布置图

4.2　实验结果

4.2.1　台阶端面的智能封堵器流场变化

图 4.7 是前后端面为台阶结构时，从初始状态到封堵进度为 99% 时，智能封堵器周围流场的 PIV 实验得到的二维流场图和数值模拟管道中心面上流场局部放大图，按照实际拍摄的图片，在相同位置把流场的二维图进行比较，通过对比可以观察数值模拟与实验结果的差别。

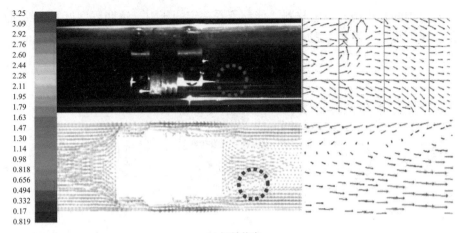

(a) 初始状态

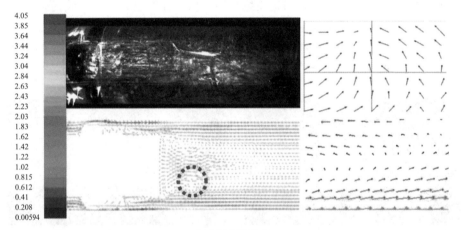

(b) 25%封堵状态

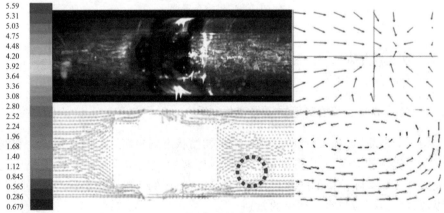

(c) 50%封堵状态

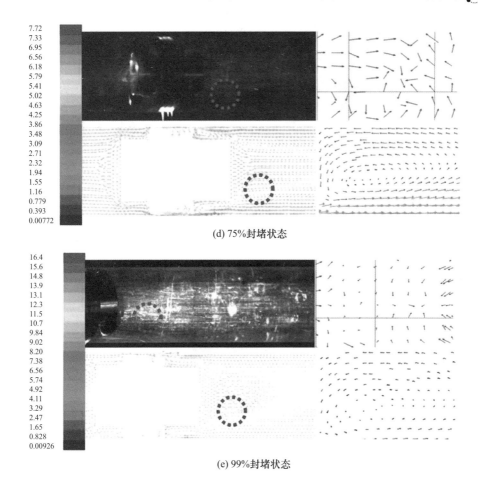

(d) 75%封堵状态

(e) 99%封堵状态

图4.7 台阶面二维流场图和数值模拟管道中心面上流场局部放大图

管内智能封堵器的前后端面为台阶形状时，不同的封堵进度其尾部的流场特征不同。伴随封堵动作的进行，台阶端面的管内智能封堵器的尾部流场特征逐渐消失。初始状态时，特征非常明显，尾部形成了关于中心线对称的涡结构。由于实验条件局限，被观测的目标区域仅存在一个涡结构，所以从 PIV 实验的后处理图像中可以观察到明显的漩涡；当封堵动作即将结束时，管内的绝大多数流体质点基本处于静止状态，管内智能封堵器尾部原有的漩涡结构和流场特征逐步消失，所以，在封堵动作即将结束时，尾部的流场趋于稳定，流体质点的流动轨迹没有太大变化，实验与数值模拟的结果基本吻合。

4.2.2 半球端面的智能封堵器流场变化

图 4.8 为半球端面的智能封堵器随封堵进度在管道模型的同一位置 PIV 实验和数值模拟中流场的二维对比图。

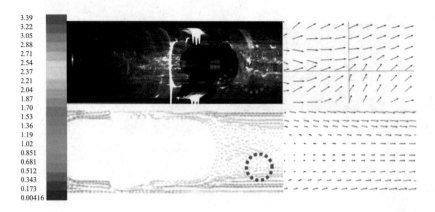

(a) 初始状态

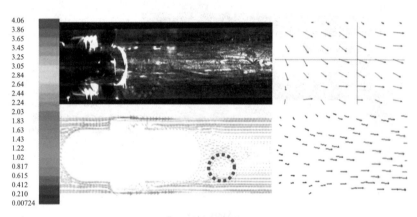

(b) 25%封堵状态

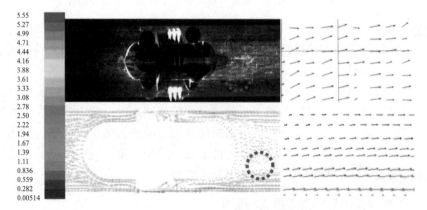

(c) 50%封堵状态

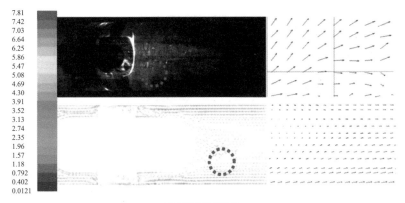

(d) 75%封堵状态

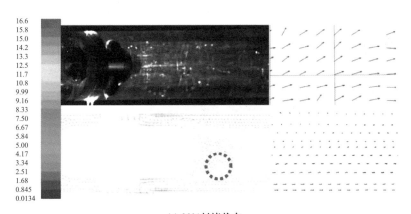

(e) 99%封堵状态

图 4.8 半球面二维流场图和数值模拟管道中心面上流场局部放大图

观察 PIV 实验中管内带压流体质点的流动方向：在即将结束封堵之前，流体没有出现回流，流场也没有大小不等的漩涡出现；在封堵即将结束时，实验中没有出现漩涡或者回流的现象，但从数值模拟结果可以看出，管内智能封堵器的尾部出现了结构对称的漩涡。出现这种差别的主要原因为：在漩涡的形成过程中需要消耗能量，而消耗掉的能量源于流体质点的动能，由于在 PIV 实验中，管内流体质点的速度没有达到一定的值，所以，当封堵即将结束时，通过封堵器和管壁狭小缝隙的流体质点的速度没有达到在尾部形成漩涡回流的必备条件，流体质点仍沿着半球曲面的表面平滑过渡，继续流动。

4.2.3 抛物端面的智能封堵器流场变化

图 4.9 是抛物端面的智能封堵器伴随封堵进度，在同一测量位置 PIV 实验得到的二维流场和数值模拟的二维流场分布图的对比。

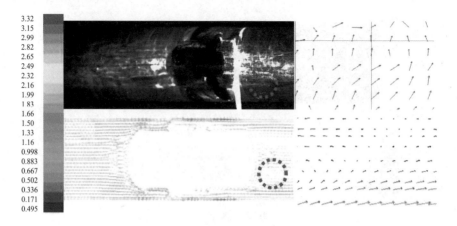

(a) 初始状态

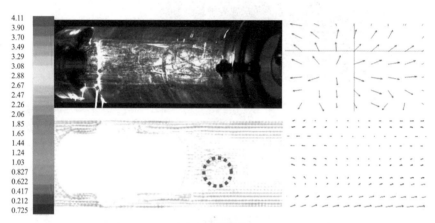

(b) 25%封堵状态

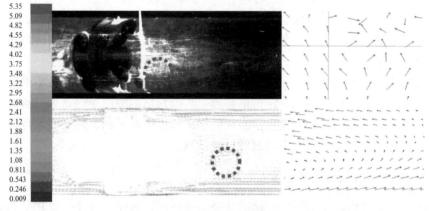

(c) 50%封堵状态

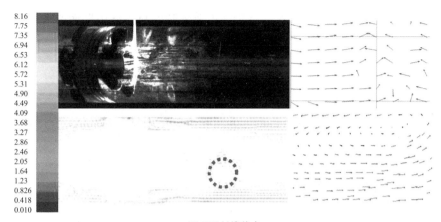

(d) 75%封堵状态

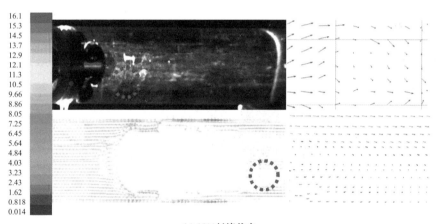

(e) 99%封堵状态

图 4.9　抛物面二维流场图和数值模拟管道中心面上流场局部放大图

当管内智能封堵器的前后端面为抛物面形状时，伴随着封堵动作的进行，其尾部的流场特征既没有像半球结构的管内智能封堵器那样平稳过渡，也没有像台阶结构的管内智能封堵器那样特征明显。在封堵结束之前，其尾部也会出现漩涡结构，这种流场特征主要是由于流体质点在通过狭小的管壁通道时，没有平稳过渡，流体质点回流所致。因为曲面结构比台阶的平面结构能使流体质点更容易顺流，没有出现如台阶结构的管内智能封堵器尾部那样明显的流场特征；但是曲面的曲率没有半球面的曲率大。所以，在流体质点过渡的过程中，没有提供完整的过渡轨迹支撑，比半球结构的管内智能封堵器尾部流场特征明显些。

但是，当封堵结束以后，曲面结构的管内智能封堵器的尾部流场非常稳定，漩涡在封堵结束之前已经完成了涡结构的演化，在涡的演化方面，抛物面结构比另两种结构的管内智能封堵器尾部流场的变化更彻底。

通过对前后端面为台阶面和半球形状的管内智能封堵器尾部局部流场的 PIV 实验可以看出，此结构的管内智能封堵器在管内进行模拟封堵作业时，其周围的流场比较稳定。

4.2.4　实验结果分析

以台阶面的 PIV 实验结果为例，分析管内智能封堵器结构参数对封堵致振的影响。

对四种封堵进程进行分析，分别为封堵完成 25%，封堵完成 50%，封堵完成 75% 与封堵完成 99%，结果如图 4.10 所示。二维速度矢量图说明了测试下游的流线随着对称平面上封堵进程的增加而增加。图 4.10 中有色块的部分是进行 PIV 测量的地方。当封堵进程完成 99% 时，测量段中大部分流体颗粒的速度显著降低，再循环结构和流线消失，如图 4.10（d）所示。图 4.10 中向量的长度代表速度，当封堵进程完成 99% 时，速度值最小，因为流动几乎完全停止。与 Oztop 等提出的对

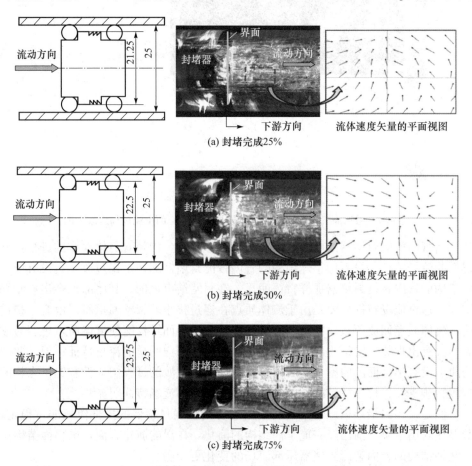

(a) 封堵完成25%

(b) 封堵完成50%

(c) 封堵完成75%

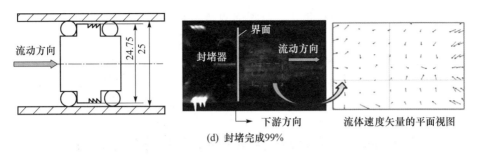

(d) 封堵完成99%

图 4.10 不同封堵进程的实验速度矢量

于带有障碍物的双前向台阶上的湍流模型相一致，即台阶高度的增加与封堵进程的增加产生相同的速度矢量分布。

随着封堵进程的变化，再循环结构和流线也发生变化。为了分析智能封堵器结构参数对下游流场的影响，通过数值模拟得到了不同封堵进程时的中心线速度，所获得的实验数据的均值如图 4.11 所示。在实验条件的限制下，得到 $z=0.04\sim0.044\mathrm{m}$ 处中心线的速度剖面。速度值反映了不同封堵进程时流速的变化，

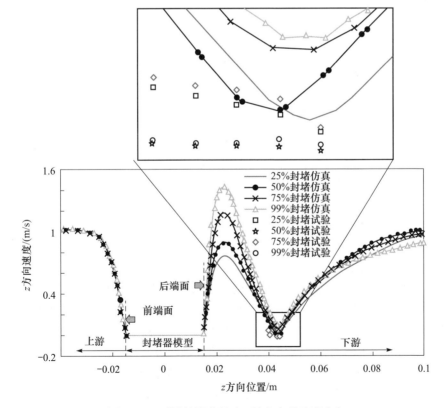

图 4.11 不同封堵进程时 z 轴方向的速度分布

在封堵开始时，速度下降得很快。当智能封堵器封堵完成 25% 和封堵完成 75% 时，流速变化迅速。此外，在封堵完成 99% 时，流速稳定在 0.04m/s 附近。由于测量数据只集中在一小段，基本上不可能考虑流动的主要速度趋势。因此，在实验所设置的参数下进行了数值模拟，研究整个区域不同封堵进程时的流动特性。由图 4.11 验证可知，仿真结果可用于更深入地研究完整封堵过程的影响。

4.3 不同端面结构的智能封堵器周围流场分布规律

从管内智能封堵器诞生以来，人们对其进行带压封堵器作业的过程进行了大量研究，但是对管内智能封堵器工作过程中其周围流场特征的研究甚少。在其工作过程中，自身的机械结构影响其周围流场的发展，流场的变化对管内智能封堵器的作业也有很大影响，比如流体质点对管内封堵器的冲击力可能导致封堵作业失败，致使封堵器在管内卡堵。所以，有必要对其工作时周围的流场进行研究。根据现有管内智能封堵器的外形结构，发现了一种与其相似的模型——后台阶结构，并以此为基础研究管内智能封堵器结构参数对封堵致振的影响。

为了更直观地观察管道流场内部的模拟结果，对管道模型进行了剖切，沿管道中心线取切面（下文中称作管道中心面）。由于流场模拟的前提是流体介质要有流动迹象，如果将智能封堵器完全封死，则无法模拟其周围流场的分布，所以模拟了封堵状态为 99% 的情形。

4.3.1 台阶端面的智能封堵器周围流场分布规律

（1）速度分布

因为速度是矢量，因此对于流场速度要从速度大小和速度方向进行分析，从速度大小可以看出流场中每一质点的流速的绝对值大小，从速度矢量能够看到流场中每一质点的流动方向，图 4.12 为台阶端面的管内智能封堵器五个封堵进度时管道模型中心面流场速度大小分布图。从图 4.12 可以看出，由于管内智能封堵器的存在，管道内流场很明显地被分为上游和下游两个部分，上游远离封堵器的部分流速分布比较均匀，没有高速区域的出现，下游流场则很不稳定，某些区域出现速度梯度增大的现象，这些区域随着封堵进度不同而变化。从图 4.12 还可以看出封堵器与管道内壁处出现环形高速带，并随着封堵进度的不断增大高速带逐渐减小。这是因为上游压力大，下游压力小，上游和下游的这种压差是封堵器在管道内部行走的动力，封堵时流体可通过的间隙减小，因此压差增大，导致封堵器与管道内壁间的间隙处的流速增大。通过间隙的流体不能立即减速适应下游的低速区，会在靠近管壁处形成环形的高速区，随着封堵进度不断增大，间隙减小，流速也相对减小，当完全封堵时，管内流体接近完全静止。

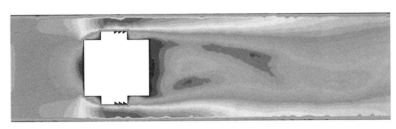

(a) 封堵进度0%

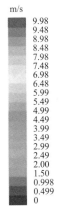
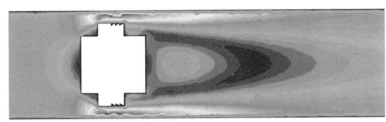

(b) 封堵进度25%

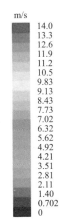
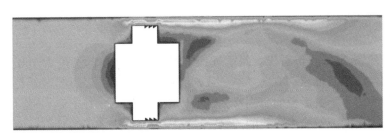

(c) 封堵进度50%

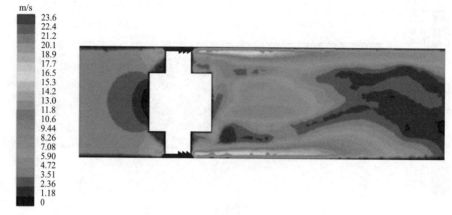

(d) 封堵进度75%

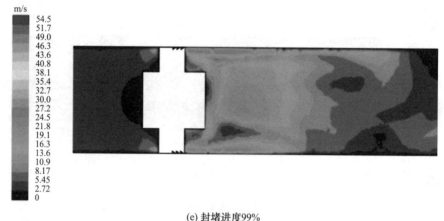

(e) 封堵进度99%

图 4.12　台阶端面的智能封堵器五种封堵进度时的流场速度大小分布

图 4.13 为台阶端面的管内智能封堵器五个封堵进度时管道模型中心面流场速度矢量分布图。

从图 4.13 可以看出，封堵过程中管内流体质点的速度大小和流动方向，管道内上游的流体流动方向基本一致，流场稳定，流体经过封堵器与管道内壁之间的缝隙流入下游后流向急剧紊乱，形成漩涡而回流，在下游靠近封堵器的地方形成一圈由间隙旋向中心线的漩涡。这是因为流体进入下游管道后流动空间突然变大，下游压力减小，速度降低导致流场速度突变，因为台阶端面封堵器的影响导致封堵器附近形成很多漩涡。同时，流层与流层之间的黏度不同，靠近管壁的高速流层带动靠近中心线的低速流层流动，这也是下游流场速度发生变化的重要原因之一。

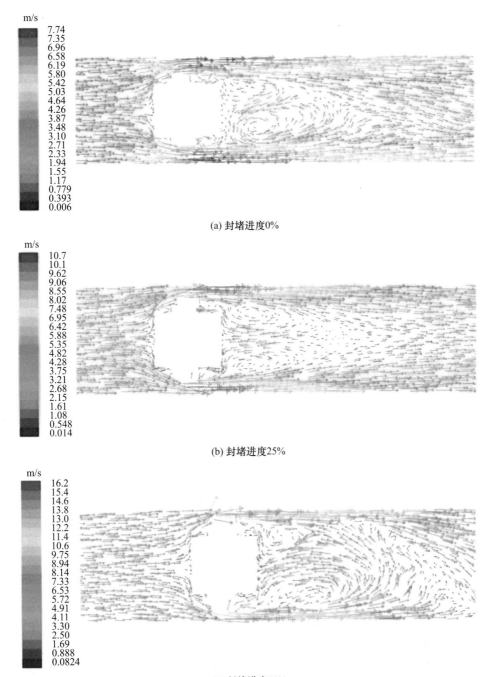

(a) 封堵进度0%

(b) 封堵进度25%

(c) 封堵进度50%

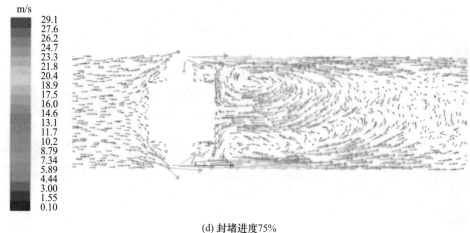

(d) 封堵进度75%

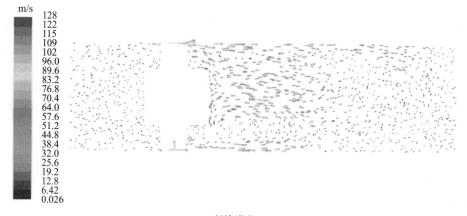

(e) 封堵进度99%

图4.13 台阶端面的智能封堵器五种封堵进度时管道模型流场速度矢量分布图

从图4.13还可以看出，刚开始封堵时下游流场速度方向非常杂乱，而且形成很多大小漩涡，随着封堵进度不断增大，下游的漩涡形状逐渐变小，而且数量逐渐减少，当封堵进度达到99%时管内流速已经很低，漩涡数量已经很少，当完全封堵后管内流体将停止流动。

（2）压力分布

图4.14所示为台阶端面的管内智能封堵器五种封堵进度时，管道模型中心面上的流场压力分布图。

从图4.14中可以看出，无论智能封堵器处于哪个封堵进度，管内的流体被分为上游的高压区和下游的低压区两部分。随着封堵进度的不断增大，上游高压区和下游低压区的分界线越来越明显，最终被封堵器完全分开，这表明，管道模型中的流体在受到管内智能封堵器的阻碍时通过封堵器与管道内壁之间的缝隙流动，管道中流体的压力不能均匀分布。

从图 4.14 中还可以看出，封堵过程中下游流场不断变化，下游流场出现了不同压力的区块，封堵进行到一定程度时会有负压区产生，并且负压范围由下游靠近封堵器处不断向下游延伸增大，直到封堵完成时整个下游流场都成为负压区。这是因为在封堵过程中智能封堵器对流体流动的阻碍作用越来越大，导致上游的流体很难经过间隙流入下游管道，上游压力越来越大，而下游压力越来越小。智能封堵器周围的某些地方会产生局部不等压现象，这与智能封堵器的结构有很大关系。

图 4.15 为台阶端面的智能封堵器模型管壁上的压力变化曲线，从图 4.15 中可以看出，管道上游和下游存在明显的压差，随着封堵进度的增大，上游的压力从开始的 0.055MPa 不断增大到最后的 18MPa，而下游的压力不断减小。压力从智能封堵器所在位置开始急剧下降，可以看到封堵到 25％ 和 50％ 时管壁压力呈波动形式下降。

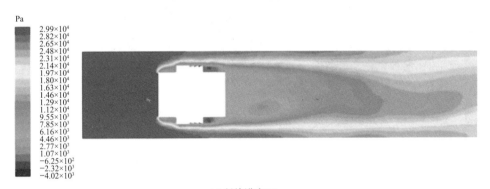

(a) 封堵进度0%

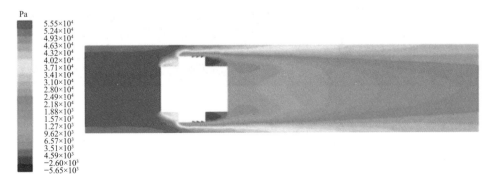

(b) 封堵进度25%

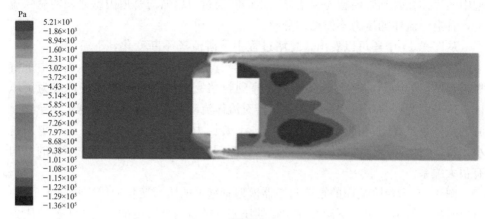

(c) 封堵进度50%

(d) 封堵进度75%

(e) 封堵进度99%

图 4.14　台阶端面的智能封堵器五种封堵进度时的流场压力分布

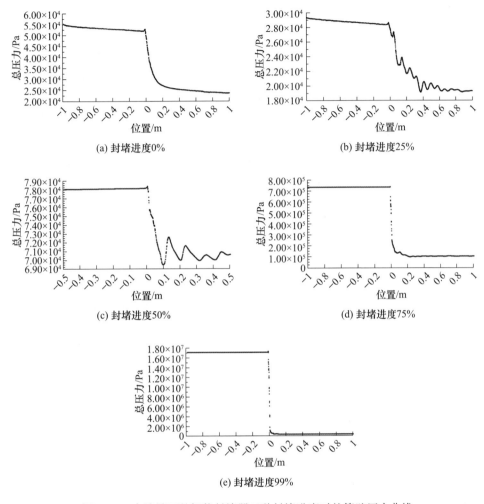

图 4.15　台阶端面的智能封堵器五种封堵进度时的管壁压力曲线

　　综上所述，通过对台阶端面的管内智能封堵器封堵过程中管内的速度和压力的数值模拟和分析，发现当智能封堵器前后端面为台阶面结构时，在封堵过程中，下游流场会产生流动剧烈的漩涡，流场很不稳定。通过压力分析得到，管内的压力，尤其是下游的压力存在负压区和不等压现象。这些不稳定现象会为管内智能封堵作业的安全性带来影响，与智能封堵器的结构有很大关系。

4.3.2　半球端面的智能封堵器周围流场分布规律

（1）速度分布

图 4.16 和图 4.17 分别为半球端面的管内智能封堵器五个封堵进度时，管道

模型中心面的流场速度大小分布图和速度矢量分布图。

从图 4.16 中可以看出，当智能封堵器前后端面为半球结构时，智能封堵器前端也会出现一个速度递减的低速区。但是与抛物端面结构时相比，随着封堵进度的增加，低速区变化比较小，当封堵进度达到 99% 时，智能封堵器前端和锁定滑块结构与智能封堵器主体结构相交处的低速区域明显较小。

将图 4.12 和图 4.16 比较可以发现，半球端面的智能封堵器结构在封堵刚开始的时候，流过锁定滑块与管道内壁之间间隙的流体的速度明显减小。仔细观察下游流场还可以发现，此时靠近管壁的环形高速带相对来说比较长，下游流场速度明显平稳，没有明显的低速区域出现。

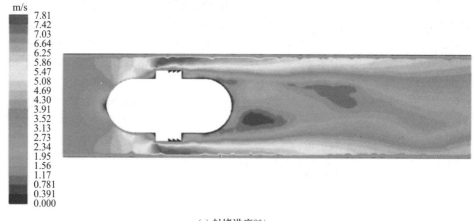

(a) 封堵进度0%

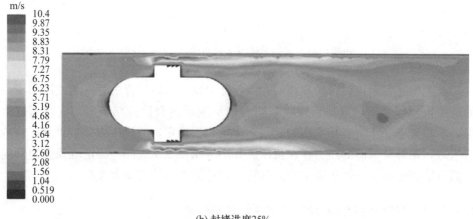

(b) 封堵进度25%

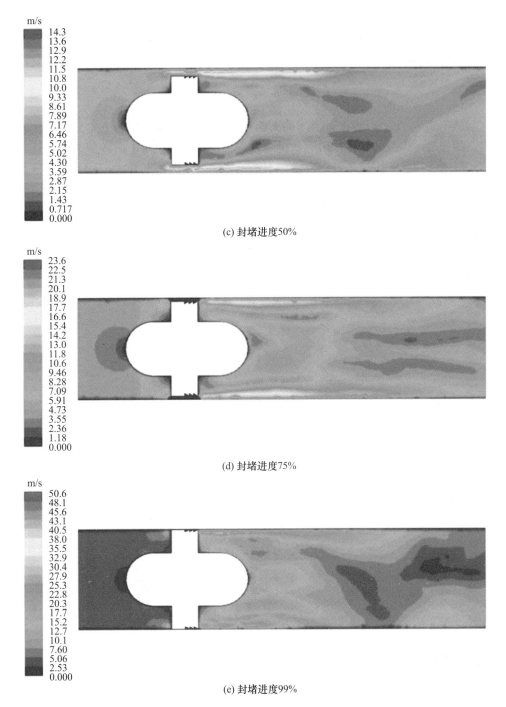

(c) 封堵进度50%

(d) 封堵进度75%

(e) 封堵进度99%

图 4.16 半球端面的智能封堵器五种封堵进度时的流场速度大小分布

从图 4.17 中可以看出，半球端面的智能封堵器结构在刚开始封堵的时候上游的流体也能够顺利通过间隙流入下游管道，下游的流场比较稳定，漩涡比较少，但是当封堵进度达到 25％时，下游流场中的漩涡明显增多，并且有明显的回流现象。

（2）压力分布

从图 4.18 中可以看出，半球端面的智能封堵器结构上游的压力分布比较均匀，随着封堵进度的增大，压力值也随之增大，封堵结束时上游的压力可以达到 17.7MPa。观察下游流场可以发现，下游流场的低压区不断增大，同时低压区的压力也在减小，当接近完全封堵时上下游流场的压力基本稳定。

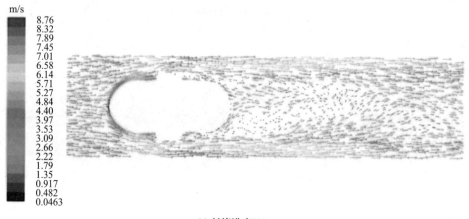

(a) 封堵进度0%

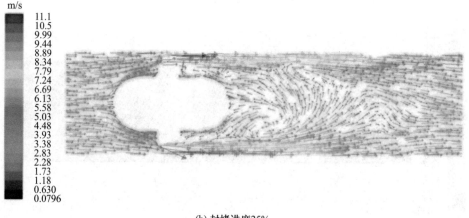

(b) 封堵进度25%

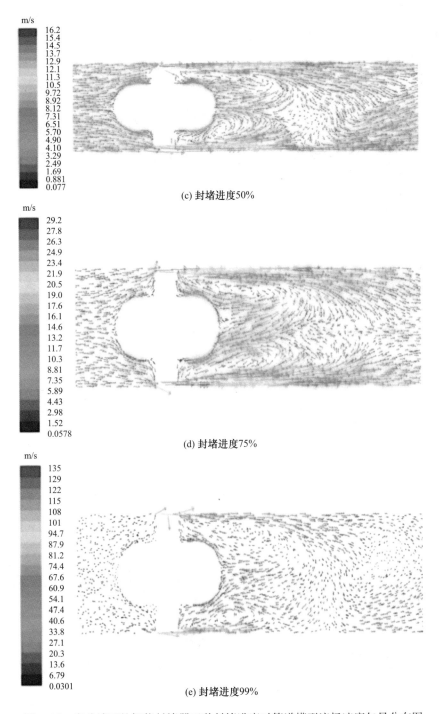

图 4.17 半球端面的智能封堵器五种封堵进度时管道模型流场速度矢量分布图

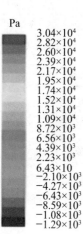
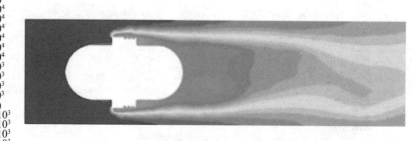

(a) 封堵进度0%

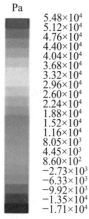
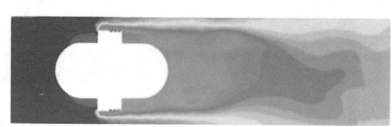

(b) 封堵进度25%

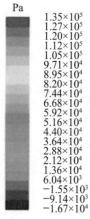

(c) 封堵进度50%

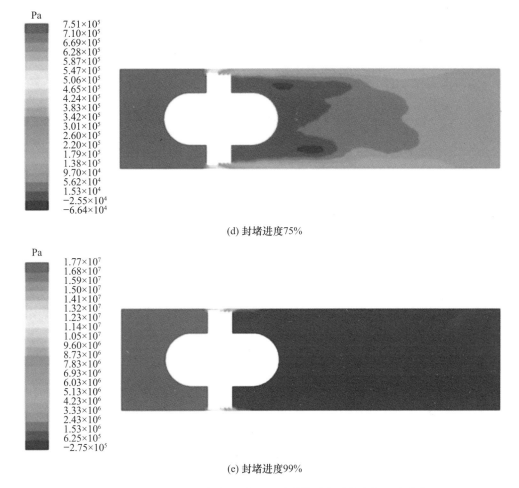

(d) 封堵进度75%

(e) 封堵进度99%

图 4.18 半球端面的智能封堵器五种封堵进度时的流场压力分布

图 4.19 为半球端面的智能封堵器结构管壁上的压力曲线，与图 4.15 和图 4.23 对比可以发现，三种不同结构，75％和99％封堵进度时管壁的压力曲线基本是一致的，不同之处在于前三个封堵进度的压力曲线，观察可以看到三种结构时压力曲线下降时的波动变化差别并不是很大，相对来说抛物端面时的波动比较小。

综上所述，半球端面的智能封堵器结构流体的速度和压力分布比较均匀，下游流场没有局部低速区域和低压区域出现，但是观察速度矢量图发现，下游流场靠近封堵器处会产生漩涡，并有回流现象。

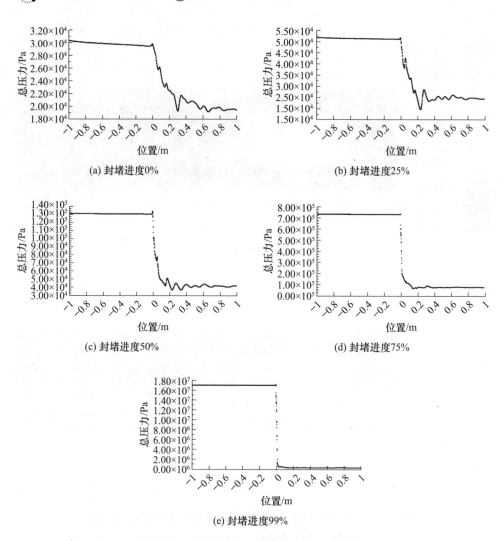

图 4.19 半球端面的智能封堵器五种封堵进度时的管壁压力曲线

　　对台阶端面、抛物端面和半球端面三种端面结构的管内智能封堵器模型进行了数值模拟分析，通过对速度矢量和压力大小分布的分析，得到结论：在三种端面结构的封堵器中，抛物端面结构的智能封堵器模型流场相对来说比较稳定，上游的流体能够顺利地流入下游管道，下游流场中的漩涡比较少，基本没有回流现象，局部低速区域和局部低压区域比较少，这样的结构对安全封堵是有益的。

4.3.3　抛物端面的智能封堵器周围流场分布规律

（1）速度分布

图 4.20 和图 4.21 分别为抛物端面的管内智能封堵器五个封堵进度时，管道

模型中心面的流场速度大小分布图和速度矢量分布图。

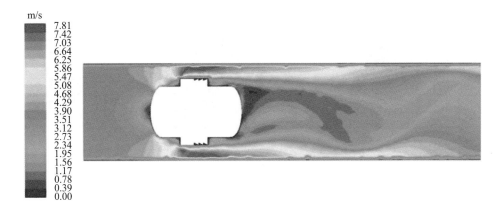

(a) 封堵进度0%

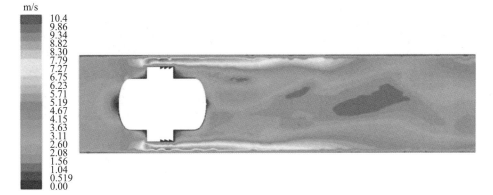

(b) 封堵进度25%

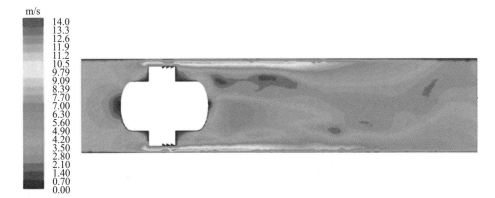

(c) 封堵进度50%

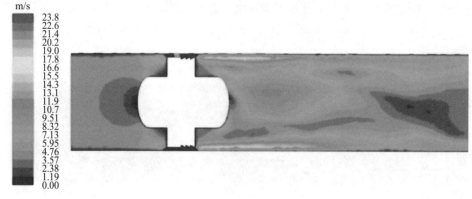

(d) 封堵进度75%

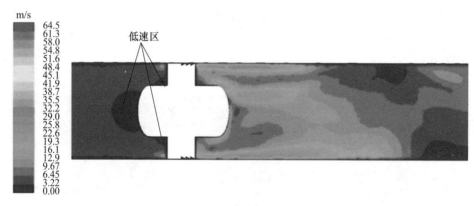

(e) 封堵进度99%

图4.20 抛物端面的智能封堵器五种封堵进度时的流场速度大小分布

从图4.20中可以看出，封堵过程中，与台阶端面的智能封堵器模型一样，会出现上游的稳定流动区域和下游的不稳定区域，但是抛物端面的智能封堵器模型在前端面出现了一个速度递减的区域。这是由于椭圆端面的存在，使上游的流体介质还没到达智能封堵器端面时就改变了流向，从而使得到达智能封堵器前端面的流体介质速度降低，这样的流场结构减小了流体对智能封堵器前端面力的作用，有利于上游流体介质顺利向下游流场发展。随着封堵进度的增大，这个递减区域内的低速区逐渐增大，整体速度逐渐减小，当封堵进度达到99%时，智能封堵器前端和锁定滑块结构与智能封堵器主体结构相交处出现明显的低速流动现象。从图4.20中可以看出从封堵器锁定滑块至下游一段距离靠近管壁处有一个高速带，随着流场向下游发展，这个高速带内的流体质点速度逐渐降低，并且随着封堵进度的增加，高速度范围逐渐减小，当封堵进度达到99%时高速带消失。

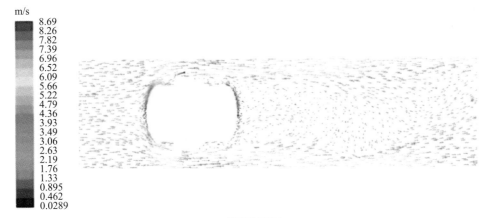

(a) 封堵进度0%

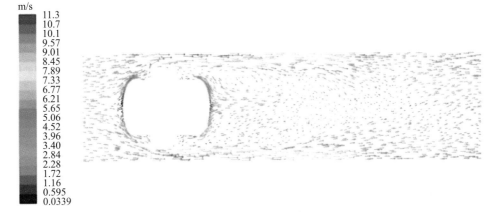

(b) 封堵进度25%

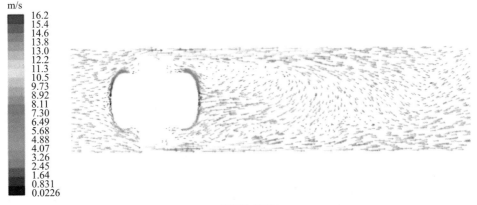

(c) 封堵进度50%

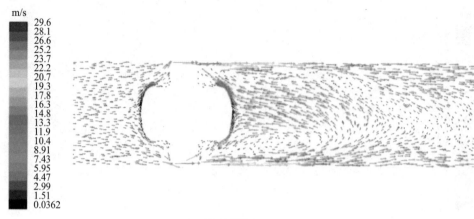

(d) 封堵进度75%

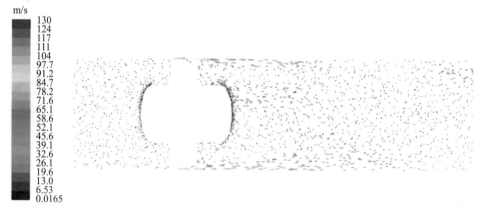

(e) 封堵进度99%

图4.21　抛物端面的智能封堵器五种封堵进度时管道模型流场速度矢量分布图

对比图4.21与图4.13可以看出，当封堵器端面为抛物面结构时，上游流向智能封堵器前端面的流体能比较自然地流向智能封堵器与管道内壁之间的间隙，进入下游流场。对比下游流场可以发现，抛物面结构时下游流场靠近智能封堵器端面处的漩涡明显减小，流速也相对稳定，这是因为抛物面为流体向下游的平稳过度提供了支持。

（2）压力分布

图4.22为抛物端面的管内智能封堵器五种封堵进度时管道模型中心面流场压力大小分布图。从图4.22中可以看出，管内流场中的压力可以分为三个区域：上游的高压区、下游靠近智能封堵器的低压区和下游远离智能封堵器的中压区。随着封堵进度增大，高压区的压力越来越大，中压区范围越来越小，低压区范围

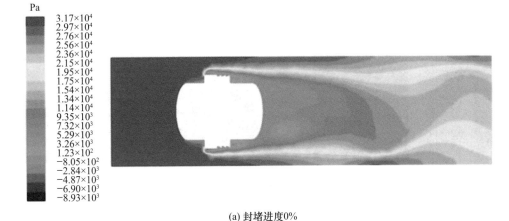

(a) 封堵进度0%

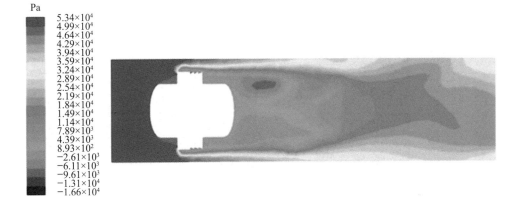

(b) 封堵进度25%

(c) 封堵进度50%

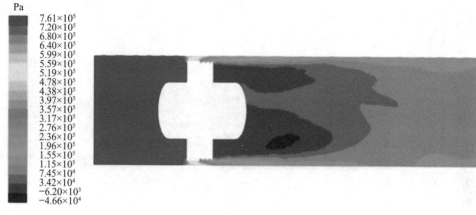

(d) 封堵进度75%

(e) 封堵进度99%

图 4.22　抛物端面的智能封堵器五种封堵进度时的流场压力分布

越来越大，当封堵进度达到 50％时中压区消失，出现负压区，当封堵进度达到 99％时整个下游管道成为负压区。高压区的压力分布均匀，压力随着封堵进度的增大而增大，封堵完成后压力最高可达到 17.6MPa。

　　对比图 4.22 与图 4.14 可以发现，当智能封堵器为抛物端面结构时，因为抛物面的存在，管内流体能够更容易通过智能封堵器流入下游流场，同时可以明显看到，这时的下游流场的压力分布相对均匀，没有大范围的局部低压区域出现。

　　图 4.23 为抛物端面结构智能封堵器模型管壁上的压力曲线，从图 4.23 中可以看到，随着封堵进度的增大，上游管道的压力也逐渐增大。从开始封堵到封堵 50％进度，封堵点到下游管壁处的压力以波动形式下降。

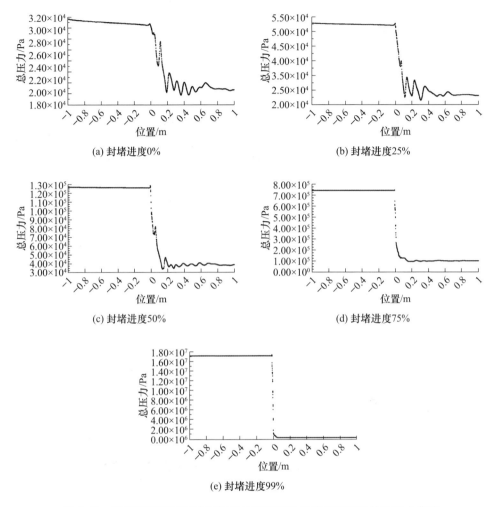

图 4.23　抛物端面结构的管内智能封堵器五种封堵进度时的管壁压力曲线

　　综上所述，抛物端面的智能封堵器结构在封堵过程中比较稳定，上游的流体能够比较顺利地流入到下游流场，下游流场中的漩涡明显减小，基本没有回流现象，压力分布也比较均匀，没有大的低压区域出现。

　　所以，对封堵过程中管内智能封堵器尾部流场的特征变化而言，半球端面的管内智能封堵器的尾部流场更加稳定，可以有效地防止其在管内进行高压封堵作业时不稳定的流场对封堵器整体的冲击，进而减少封堵失败的事故发生；当封堵作业结束后，半球端面的管内智能封堵器的尾部流场最稳定，这样可以保证在封堵成功后进行相关的管道维修作业时，管内流场的稳定发展以及漩涡结构的彻底演化。

4.4 不同结构参数的智能封堵器周围流场分布规律

4.4.1 速度分布

当封堵完成 75% 时，模型与管壁之间的流体流速达到最大值，如图 4.24 所示。随后，当回流再循环程度达到 50% 时，流速迅速下降。实验数据与模拟结果表现出相同的趋势，从而证实了低速的存在以及智能封堵器周围出现再循环的现象。随后，智能封堵器的速度变得稳定，下游没有任何大的波动。

为了确定通过智能封堵器附近的管内流体的流速与智能封堵器结构参数的关系，研究上游位置 $(x=0\text{m}, z=-0.032\text{m})$ 的横向速度分布，即对称平面 $(x=0\text{m}, z=0\text{m})$ 和下游位置 $(x=0\text{m}, z=0.032\text{m})$，如图 4.25 所示。

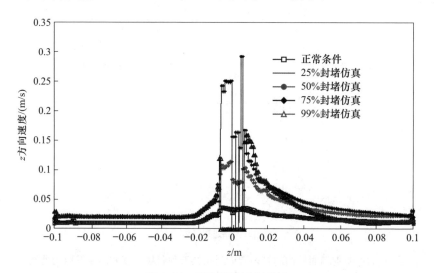

图 4.24 管内流体速度分布

图 4.25（a）显示了上游位置不同封堵进程的管内流体速度分布。图 4.25 中的速度与之前的观察非常吻合，其中上游速度对于每个封堵程度都是稳定的，几乎与入口速度相同。然而，在近壁区域，速度略有波动，表明与智能封堵器的结构参数改变有关。然后，对于对称剖面 $(x=0\text{m}, z=0\text{m})$ 处管壁附近的速度较高，因为压降随着封堵程度的增加而迅速增加，如图 4.25（b）所示。当封堵完成 75% 时，该区域的速度最高。由于智能封堵器结构参数的改变，该区域的压力增加，因此流速急剧增加。当封堵进程完成为 99% 时，该区域的速度为零，因为在流体中检测到的颗粒很少。图 4.25（c）显示了下游速度开始波动并出现再循环。在下游段，靠近壁面的速度随着智能封堵器结构参数改变程度的增加而增

加，速度在封堵完成 75％ 时达到峰值。封堵完成 99％ 时在管壁附近流速降低，智能封堵器几乎完全封堵了管道。然而，围绕中心线的波动发生了显著变化。再循环的峰值速度表现出不对称性，并呈上升趋势，如图 4.25（d）所示。

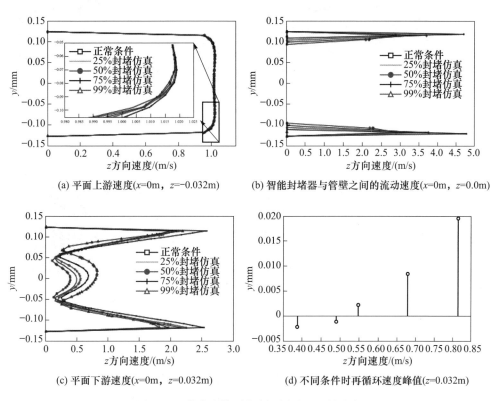

图 4.25　管内流体颗粒在不同平面上的速度

4.4.2　压力分布

图 4.26 显示了智能封堵器从封堵进程为 0％（正常状态）到封堵完成 99％ 时的压力云图。从图 4.26 中可以看出，左侧压头承受的压力最高，施加在封堵模块上的压力并不高。施加在右侧压头上的压力较低，但除车轮和轮毂外，大多数模块都处于高负压状态。负压是由复杂的结构和突然膨胀的流动产生的，不受智能封堵器后端的阻碍。

为了更好地理解压力随智能封堵器结构参数改变的变化，中心线和沿管壁的压力分别如图 4.27 所示。图 4.27（a）显示所有上游压力都高于下游压力。上游压力随着封堵程度的增加而增加，特别是在封堵完成 75％～99％ 时。上下游压力稳定，不波动。就智能封堵器的位置而言，沿管壁的压力 ［图 4.27（b）］ 与

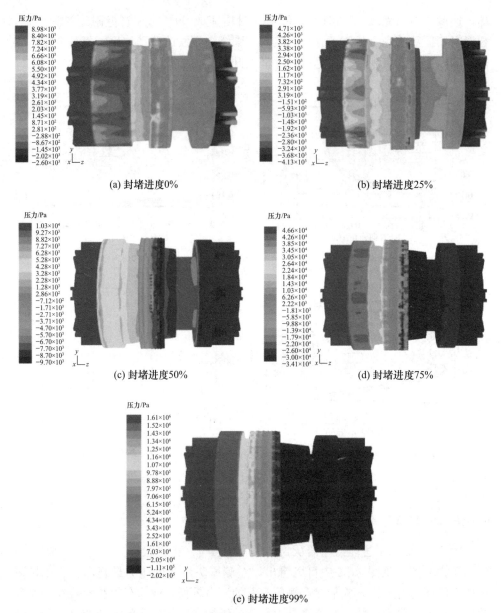

图 4.26 封堵过程中智能封堵器的压力云图

图 4.27（a）中所示的压力不同。可以看出，随着封堵程度的增加，只会出现少量的波动。表 4.1 显示了在中心线和沿管壁的上游和下游区域之间的压降。中心线的压降高于沿管壁的压降。这表明压力差与封堵的增加不是呈线性变化的，当封堵进程为 75％时，压力差最高，最高值为 17783Pa，而不是产生于封堵进程为 99％时。

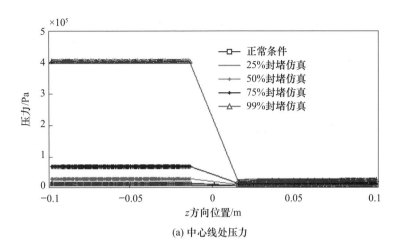

(a) 中心线处压力

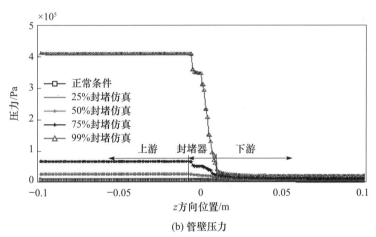

(b) 管壁压力

图 4.27 封堵过程中压力沿不同位置分布情况

表 4.1 压降和压差

封堵进程/%	中心线压降/Pa	管壁压降/Pa	压差/Pa
0（正常）	4991.9	2808	2183.9
25	8420.5	5724	2696.5
50	18758	15270	3488
75	55983	38200	17783
99	388570	381300	7270

采用方差分析（ANOVA）和响应面分析确定模型的统计显著性。模型的充分性通过方差分析（$p < 0.05$）和回归分析（R^2）进行预测。利用响应曲面图证

明了响应与自变量之间的关系。Δp 的二阶回归模型如公式（4.1）所示，其系数见表 4.2。

$$\Delta p = b_0 + b_1 \times L + b_2 \times d_1 + b_3 \times d + b_4 \times L^2 + b_5 \times d_1^2 + b_6 \times d^2 + b_7 \times (L \times d) +$$
$$b_8 \times (L \times d_1) + b_9 \times (d \times d_1) + b_{10} \times (L^2 \times d_1) + b_{11} \times (d_1^2 \times d) \quad (4.1)$$

表 4.2 回归系数

项目	模型系数	项目	模型系数	项目	模型系数
b_0	-1.87742×10^8	b_4	-24251.23651	b_8	-83440.15789
b_1	$+1.95440 \times 10^6$	b_5	-2.86280×10^5	b_9	-6.56673×10^5
b_2	$+1.55422 \times 10^7$	b_6	$+40743.59375$	b_{10}	$+1043.00526$
b_3	$+6.22197 \times 10^6$	b_7	-703.75000	b_{11}	$+13489.19668$

方差分析结果（表 4.3）揭示了智能封堵器结构参数与智能封堵器上的压降 Δp 之间的关系。表 4.3 中的指标说明了平方和、均方差、自由度（DF）、F 值、概率（p 值）以及百分比贡献（C）。较低的 p 值表明该回归模型能以 99.88% 的置信度预测设计因子的 Δp。从方差分析结果可以看出，d_1 对 Δp 的影响很大，Δp 的贡献率为 10.78%。参数 d 的贡献为 3.76%。参数 L 在单个参数中影响最小，贡献为 0.12%。耦合参数中 $BC(d_1 d)$，$B^2(d_1^2)$，$A^2 B(L^2 d_1)$ 的贡献率依次为 27.35%、27.44% 和 13.22%。Δp 与三个参数之间的三维曲面图如图 4.28 所示。图 4.28 显示了压降 Δp 对两个可变因素和一个固定变量的曲面关系。在图 4.28（a）中，固定变量 d_1 保持在最小值，压降 Δp 随 d 值的增加而增加。L 值变大，压降 Δp 与其呈非线性关系。在图 4.28（b）中，固定变量 d 保持在最小值，d_1 的值越大，压降 Δp 越大。L 值变大，压降 Δp 与其呈非线性关系。在图 4.28（c）中，固定变量 L 保持在中间值，d_1 和 d 的值越大，压降 Δp 越大。

表 4.3 方差分析

项目	自由度	平方和	均方差	F 值	p 值	百分比贡献/%
模型	11	9.268×10^{11}	8.425×10^{10}	230.44	0.0004	
$A-L$	1	1.098×10^9	1.098×10^9	3.00	0.1815	0.12
$B-d_1$	1	2.458×10^{11}	2.458×10^{11}	672.32	0.0001	10.78
$C-d$	1	3.491×10^{10}	3.491×10^{10}	95.49	0.0023	3.76
AB	1	156.25	156.25	4.274×10^{-7}	0.9995	0
AC	1	7.924×10^8	7.924×10^8	2.17	0.2374	0
BC	1	2.538×10^{11}	2.538×10^{11}	694.19	0.0001	27.35
A^2	1	3.084×10^{10}	3.084×10^{10}	84.36	0.0027	3.32
B^2	1	1.291×10^{10}	1.291×10^{10}	35.30	0.0095	27.44

续表

项目	自由度	平方和	均方差	F值	p值	百分比贡献/%
C^2	1	9.807×10^{10}	9.807×10^{10}	268.23	0.0005	1.39
A^2B	1	1.227×10^{11}	1.227×10^{11}	335.66	0.0004	13.22
B^2C	1	4.631×10^{10}	4.631×10^{10}	126.67	0.0015	4.99
残差	3	1.097×10^9	3.656×10^8			
失拟项	1	1.097×10^9	1.097×10^9			
纯误差	2	0	0			
总和	14	9.279×10^{11}				

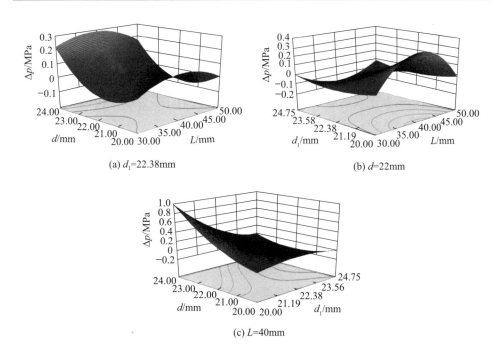

(a) d_1=22.38mm

(b) d=22mm

(c) L=40mm

图 4.28 压降与三个参数的曲面图

综上所述，在封堵作业的过程中，管内受阻瞬态流与智能封堵器之间形成复杂的互馈机制，通过实验室实验与仿真模拟进行定量的对比分析，确定了封堵过程中导致的湍流谐振将引起管内压力、流体速度的剧烈波动，从宏观角度揭示了智能封堵器与管内流体的互馈机制。

第**5**章

智能封堵器减振结构优化设计

5.1 基于响应面法的智能封堵器结构减振设计

5.1.1 响应面法概述

响应面法（Response Surface Methodology，RSM）是一种利用统计学原理的综合实验方法，该方法主要是用于解决复杂系统自变量与因变量之间关系的一种方法。

响应面法的数学表达基于多元线性回归分析。对于 $x \in E^n$，构造二次响应面近似函数见式（5.1），系数关系见式（5.2）：

$$y = \alpha_0 + \sum_{j=1}^{n} \alpha_j x_j + \sum_{j=n+1}^{2n} \alpha_j x_{j-k}^2 + \sum_{i=1}^{n-1} \sum_{j=i+1}^{n} \alpha_{ij} x_i x_j \tag{5.1}$$

$$\begin{cases} x_0 = 1 \\ x_1 = x_1, x_2 = x_2, \cdots, x_n = x_n \\ x_{n+1} = x_1^2, x_{n+2} = x_2^2, \cdots, x_{2n} = x_n^2 \\ x_{2n+1} = x_1 x_2, x_{2n+2} = x_1 x_3, \cdots, x_{k-1} = x_{n-1} x_n \end{cases} \tag{5.2}$$

其中，n 为设计变量，α_0 为常数项系数，α_j 为一次项系数，α_{ij} 为二次项系数。系数关系式（5.2）变换式为：

$$\begin{cases} \gamma_0 = \alpha_0 \\ \gamma_1 = \alpha_1, \gamma_2 = \alpha_2, \cdots, \gamma_n = \alpha_n \\ \gamma_{n+1} = \alpha_{n+1}, \gamma_{n+2} = \alpha_{n+2}, \cdots, \gamma_{2n} = \alpha_{2n} \\ \gamma_{2n+1} = \alpha_{12}, \gamma_{2n+2} = \alpha_{13}, \cdots, \gamma_{k-1} = \alpha_{(n-1)n} \end{cases} \tag{5.3}$$

则线性回归函数模型表示为：

$$y = \gamma_0 + \sum_{i=1}^{k-1} \gamma_i x_i \tag{5.4}$$

把 n 个试验点代入式（5.4）中，得到试验点的估算值，其中 $i=0, \cdots, m-1$：

$$y_i = \gamma_0 + \sum_{i=1}^{n} \gamma_i x_i^{(j)} \tag{5.5}$$

转化为矩阵形式为：

$$\bar{y} = x\gamma \tag{5.6}$$

其中，待定系数向量为 $\bar{y}=\{\gamma_0,\cdots,\gamma_n\}^T$，试验估计值向量为 $\bar{y}=\{y_0,\cdots,y_{m-1}\}^T$，试验点矩阵为：

$$x=\begin{bmatrix} 1 & x_1^{(0)} & \cdots & x_n^{(0)} \\ 1 & x_1^{(1)} & \cdots & x_n^{(1)} \\ \vdots & \vdots & \vdots & \vdots \\ 1 & x_1^{(m-1)} & \cdots & x_n^{(m-1)} \end{bmatrix} \tag{5.7}$$

所以，m 次的真实值为 $y=\{y^{(0)},\cdots,y^{(m-1)}\}^T$，取 $e=\bar{y}-y=\{e_1,e_2,\cdots,e_n\}^T$，则 e 为线性模型的预测值与 n 次试验所得数据的误差的随机变量，其中 e_i 的均值为 0，方差为 σ。为使得 e_i 的平方和最小，则取式（5.8）最小：

$$L=\sum_{i=1}^{n}e_i^2=e^T e \tag{5.8}$$

即：

$$L=(\bar{y}-y)^T(\bar{y}-y) \tag{5.9}$$

将式（5.6）代入式（5.9）中，得：

$$L=\gamma^T x^T x\gamma-2\bar{y}x\gamma+y^T y \tag{5.10}$$

且：

$$\begin{cases} \dfrac{\partial L}{\partial\gamma}=-2x^T y+2x^T x\gamma=0 \\ \gamma=(x^T x)^{-1}x^T y \end{cases} \tag{5.11}$$

当 x 为非奇异方阵，则：

$$\gamma=x^{-1}y \tag{5.12}$$

根据 m 个试验点可以唯一地确定一个 γ，将式（5.12）代入式（5.10）中，使 $L=0$，即得出每个试验点的估计值都等于试验值。

5.1.2 中心组合试验设计

试验设计的目的是通过合理布置试验点的位置从而利用少量试验点得到较高精度的响应面。试验设计的方法多种多样，但主要有全因子设计、部分因子设计、中心组合设计、D最优设计和拉丁超立方设计，等等，较为直观地说明了试验点分布形式，如图 5.1 所示。

与全因子和部分因子设计相比，中心组合设计（Central Composite Design）在其基础上又加入了插值结点分布方式，改进后的中心组合设计与全因子设计相比大大降低了试验次数，与部分因子设计相比又极大地提高了响应精度。

因此，中心组合设计是目前最为流行的二次响应面试验点设计方法。中心组合设计对各种因素和水平的组合具有广泛的适用性，并且具有可旋转性、模型鲁棒性和相对较少的试验等特点。此外，与实际结果相比，使用该方法获得的回归方程具有良好的拟合特性。

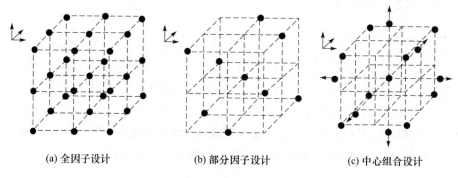

(a) 全因子设计   (b) 部分因子设计   (c) 中心组合设计

图 5.1   常用设计试验点分布

5.1.3   基于中心组合设计的减振结构方案

因为管内智能封堵器的内部结构复杂，在封堵过程中研究管内流场的影响并不方便。因此，需要设计一种简化的智能封堵器结构模型来研究不同环境中管内智能封堵器主要参数的最佳设计，以减少封堵致振。简化后的智能封堵器结构模型基本上还原了传统结构模型的外形，并缩小了其尺寸，以便于较为安全地实现基于几何相似性原理的实验设计。简化后的管内封堵器模型主要包括执行器、卡瓦、承压头和皮碗等，如图 5.2 所示。

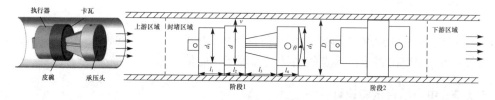

图 5.2   封堵过程示意图

基于简化后的管内智能封堵器结构模型，主要将封堵过程分为三个区域：下游区域、封堵区域和上游区域，如图 5.2 所示。上游区域是从管道入口到管内智能封堵器末端的区域，这是一个非常低的液体滞留区域。封堵区域是执行器推动卡瓦（阶段 1）通过皮碗干扰而与管道（阶段 2）接触，直到皮碗恢复到其原始状态的区域。下游区域是从管内智能封堵器位置到管道末端。

当管内智能封堵器到达封堵区域时，执行器沿着承压头的燕尾槽滑道推动卡瓦，直到其与承压头完全接触。当封堵作业完成时，执行器释放压力，并且在皮碗受压的情况下，卡瓦沿着滑道向左移动，直到皮碗收缩为其原始状态。简化后的管内封堵器结构模型是根据先前研究获得的数据开发的。根据实验装置的相关参数和雷诺相似原理，设置智能封堵器的初始径向速度（v_r）为 0.1mm/s，其他参数值见表 5.1。

表 5.1 管内智能封堵器部分参数

参数	数值/mm	参数	数值/mm
l_1	25	d_1	33.5
l_2	20	d	37
l_3	25	d_3	37
l_4	20	D	50
θ	0°		

在管内智能封堵器的结构参数优化模型中，由式（5.12）可知，智能封堵器在管道内部的运动主要受到径向初始速度（v_r）和智能封堵器当量截面积（A_d）的影响。在本书实验过程中的智能封堵器当量截面积见式（5.13）。因此，定义智能封堵器径向初始速度（v_r）、压头倾斜角（θ）和智能封堵器端面直径（d）三个因素为响应变量。

$$A_d = \frac{\pi d^2 (1-\cos\theta)}{2\sin\theta^2} \tag{5.13}$$

阻力系数和压力系数都是流场研究中常用的参数，对于研究钝体周围的流动现象和涡旋脱落至关重要。在管内智能封堵器结构参数设计过程中，通过降低阻力系数，可以提高系统的稳定性。通过降低压力系数，可以同时减少涡旋现象和封堵过程中因振动引起的智能封堵器和管道损坏。因此，定义两个响应指标为阻力系数（C_d）和压力系数（C_p），其计算公式分别为：

$$\begin{cases} C_d = \dfrac{2F_d}{\rho v^2 A_d} = \dfrac{4F_d \sin\theta^2}{\rho \pi v^2 d^2 (1-\cos\theta)} \\ C_p = \dfrac{2\Delta P}{\rho v^2} \end{cases} \tag{5.14}$$

其中，F_d 为智能封堵器在管内所受阻力，ρ 为管内介质密度，ΔP 为管内智能封堵器上、下游的压力差。考虑线性项、二次项、一阶相互作用项和三个定量参数的轴心，可将流场振动系数的数学模型表示为二阶模型。

基于中心组合实验设计，确定智能封堵器减振结构实验分析水平及因素，见表 5.2。实验方案的目标是获取最小阻力系数和压力系数，为了获得加权值，设计 24 组智能封堵器减振结构实验方案，见表 5.3。其中，方案 22 中各因素的取值为实验水平的零点，因此，定义智能封堵器减振结构实验方案 22 为空白对照组。结合 CFD 仿真分析，研究两个响应指标，即阻力系数（C_d）和压力系数（C_p）。

表 5.2　减振结构实验分析水平及因素

水平	因素		
	径向初始速度 v_r/（mm/s）	压头倾斜角 θ/（°）	端面直径 d/mm
−1	0.1	0	36
0	0.2	22.5	38
1	0.3	45	40

表 5.3　减振结构实验方案

方案	径向初始速度 v_r/（mm/s）	压头倾斜角 θ/（°）	端面直径 d/mm	方案	径向初始速度 v_r/（mm/s）	压头倾斜角 θ/（°）	端面直径 d/mm
1	0.1	0.0	40	13	0.2	22.5	38
2	0.2	22.5	40	14	0.3	0.0	40
3	0.3	45.0	36	15	0.3	45.0	40
4	0.2	45.0	38	16	0.3	45.0	36
5	0.2	22.5	36	17	0.3	0.0	40
6	0.3	22.5	38	18	0.1	0.0	36
7	0.2	0.0	38	19	0.3	0.0	36
8	0.1	0.0	40	20	0.1	45.0	40
9	0.1	45.0	40	21	0.1	45.0	36
10	0.1	45.0	40	22	0.2	22.5	38
11	0.1	22.5	38	23	0.1	0.0	36
12	0.1	45.0	36	24	0.3	0.0	36

5.2　管内智能封堵器减振结构模拟分析

　　管道内壁对湍流模型具有较大的影响，而标准 k-ε 模型主要适用于湍流核心区域的流场计算，在近壁区域可能产生较大的速度梯度或湍动能传递、消耗等问题，因此选择近壁面模型方法并运用增强壁面处理，提高模型的计算精度。

　　在封堵过程中，智能封堵器的四个卡瓦运动呈对称分布，因此将流场简化为二维平面模型。根据简化后的智能封堵器结构模型，智能封堵器的径向行程为 $10\sim20$mm，选择直径为 50mm 的管道。根据预模拟结果，封堵过程中下游 500mm 范围内发生回流和水锤，因此选择管道长度为 1000mm。采用 Fluent 的前处理软件 DesignModeler 建立智能封堵器减振结构模型并进行网格划分。为提高网格的质量将封堵模型进行拆分处理，得到尽可能多的规则四边形模块，所得到的网格数量为 6×10^4 左右，其中最大单元面积为 0.9994mm²，最小单元面积为 0.4845mm^2，如图 5.3 所示。

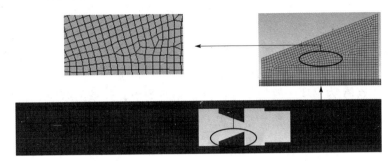

图 5.3　管内智能封堵器网格划分

为了模拟封堵的动态过程，将智能封堵器的执行器和卡瓦定义为滑移表面。通过编写用户定义函数来设置其运动速度，随着卡瓦向右移动，获得完整的动态封堵过程。根据管内智能封堵器结构模型的大小，将滑移的轴向速度设置为 0.1mm/s，径向速度设置为 0.26mm/s，致动器的轴向速度设定为 0.1mm/s。模型入口选择速度入口，初始流速为 2.68m/s。湍流强度为 3.66%，水力直径为 50mm，管内参考压力 P_0 为 5MPa。当封堵完成达到 98% 时，停止迭代，因为在流量为 0 时，CFD 软件无法继续计算。

5.2.1　不同减振结构对封堵过程中流场的影响

在模拟动态封堵的过程中，每运行 20% 保存一次模拟结果，分别得到封堵完成 20%、40%、60%、80% 和 98% 时的模拟结果。

首先，以表 5.3 中的智能封堵器减振结构方案 1 为例，当封堵进程为 20% 时，研究同一封堵状态时管内流场的振动状态。图 5.4（a）为封堵完成 20% 时的动压云图，此时最大压力为 1.31×10^5 Pa，该压力出现在智能封堵器卡瓦与管壁之间，由此可知在封堵过程中克服流体阻力最大的位置为智能封堵器卡瓦附近。此处管壁所受到的平均压力值最大，最易被损伤，且在智能封堵器的下游区域依次左右交替出现较大的动压区域，易引起管道的振动损伤。图 5.4（b）为封堵完成 20% 时的速度云图，此时管内流体的最大运动速度为 16.2m/s，出现在智能封堵器卡瓦附近。在封堵下游出现一定的涡击现象，使得封堵进程不稳定。在封堵上游邻近智能封堵器的位置处也出现较大的速度波动，此处为高压封堵区域，因此也将引起智能封堵器的较大振动损伤。图 5.4（c）为封堵完成 20% 时的湍动能云图，在封堵下游区域产生较大尺寸的涡，引起较大的湍流脉动，对管道和智能封堵器的结构安全都存在一定的隐患。

其次，以表 5.3 中智能封堵器减振结构实验方案 1 为例，研究不同封堵进程时管内流场的状态，图 5.5 为 5 种不同封堵进程的静压力云图。在封堵上游区域的静压力随封堵进程的增加而逐渐增大，封堵下游的低压区域随封堵进程的增加逐渐变大，直至整个封堵下游都变成低压区域。随静压力的增大，管壁所受到的压力、流场的运动速度和湍动能都随之增大，造成封堵作业的安全隐患。

最后，根据表 5.3 的智能封堵器减振结构方案，研究不同智能封堵器减振结构方案在相同封堵进程时管内流场的状态。以图 5.6 所示的五个点为主要研究对象，其中，点 A 为封堵上游的管道内壁，点 B 为卡瓦外壁的端点，点 C 为封堵下游的管道内壁，点 D 和点 E 为封堵下游的中心区域，此处多为涡的回流区域。

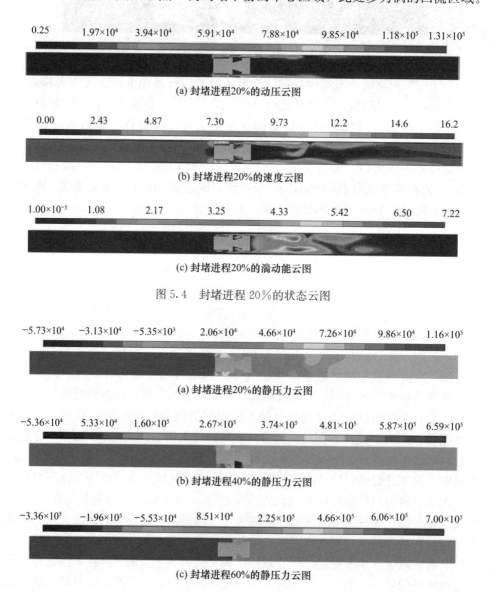

(a) 封堵进程20%的动压云图

(b) 封堵进程20%的速度云图

(c) 封堵进程20%的湍动能云图

图 5.4　封堵进程 20% 的状态云图

(a) 封堵进程20%的静压力云图

(b) 封堵进程40%的静压力云图

(c) 封堵进程60%的静压力云图

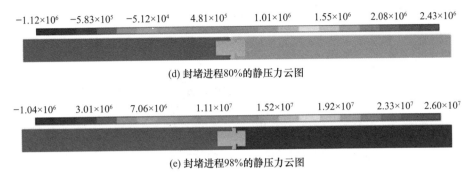

(d) 封堵进程80%的静压力云图

(e) 封堵进程98%的静压力云图

图5.5 不同封堵进程静压力云图

图5.7显示为智能封堵器减振结构方案1中卡瓦上表面的压力曲线，即监测点B处的压力值。靠近下游位置的压力值相对较小；$0\sim0.014$m处的压力值先增加后减小；在0.014m之后，压力值呈指数增长。当封堵

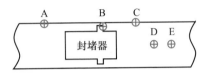

图5.6 封堵进程中的监测点

进程完成在$20\%\sim40\%$和$80\%\sim98\%$之间时，压力变化较大，中间过程变化较为缓慢。当封堵作业开始和结束时，流场剧烈振动，这是危险时刻。控制径向初始速度为0.1mm/s，研究端面角度和直径对封堵压力变化的影响。

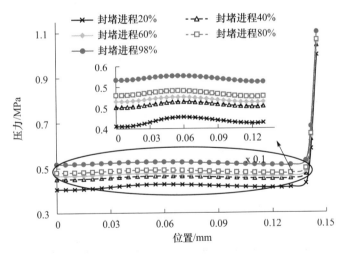

图5.7 智能封堵器卡瓦侧面总压变化图

图5.8所示为表5.3中智能封堵器减振结构方案8~12在管道上的动态压力变化曲线。智能封堵器减振结构方案12具有最小的压力总和，即$\min|C_d|+|C_p|$。智能封堵器减振结构方案8和方案12的峰值波动最小，即$\min|C_d|$。因

此，改变智能封堵器的结构参数可以减少封堵过程中管内流场脉动，并使封堵致振减小。

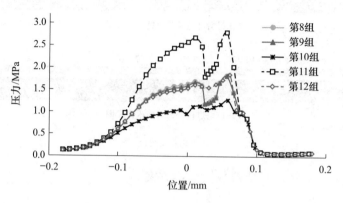

图 5.8 管壁动压变化图

通过 CFD 模拟仿真获得智能封堵器上游和下游之间的压力值和阻力值。由式（5.14）计算阻力系数（C_d）和压力系数（C_p），计算结果见表 5.4。

表 5.4 减振结构数值模拟结果

方案	阻力系数（C_d）	压力系数（C_p）	方案	阻力系数（C_d）	压力系数（C_p）
1	4.95	−5.45	13	3.09	−4.65
2	3.30	−6.21	14	4.26	−5.74
3	0.36	−2.85	15	3.21	−5.41
4	1.81	−4.38	16	0.42	−3.27
5	1.85	−3.43	17	4.90	−6.60
6	3.38	−4.42	18	2.33	−3.26
7	3.51	−4.42	19	2.44	−3.15
8	5.69	−6.26	20	2.79	−4.70
9	3.06	−6.60	21	0.64	−3.01
10	2.66	−5.74	22	2.69	−4.05
11	2.83	−4.44	23	2.02	−2.83
12	0.55	−2.61	24	2.81	−3.62

对 24 组智能封堵器减振结构实验方案进行仿真分析，分别得到各自的阻力系数和压力系数峰值。阻力系数分布在 0.36~5.69 之间，变化差为 5.33，如图 5.9（a）所示；压力系数分布在 −2.61~−6.60 之间，变化差为 3.99，如图 5.9（b）所示。其中，阻力系数的变化率要大于压力系数，所以智能封堵器结构参数对于封

堵过程中的稳定性影响更大。

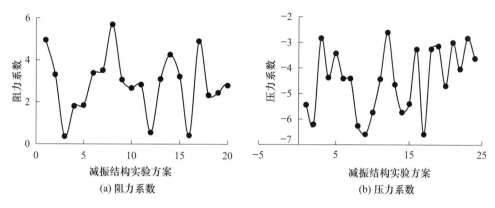

图 5.9　减振结构模型阻力系数和压力系数分布图

5.2.2　智能封堵器减振结构优化模型对阻力系数的影响

基于响应面法对智能封堵器减振结构的模拟结果进行分析，根据确定的设计方案，对三个参数进行 24 组实验。从数值模拟中获得智能封堵器减振结构的阻力系数和压力系数，见表 5.4。阻力系数的变化在 0.36～5.69，压力系数的变化在－2.61～－6.60。因此，智能封堵器减振结构参数对阻力系数的影响更大。对阻力系数和压力系数的模拟结果进行方差分析，并形成回归模型。

基于响应面分析，根据表 5.3 和表 5.4 的仿真结果，可以得出阻力系数与智能封堵器结构参数的关系模型，见式（5.15）：

$$C_d = -117.38 + 9.46 \times v_r - 0.94 \times 10^{-3} \times \theta + 5.76 \times d + 0.01 \times v_r \times \theta$$
$$- 0.53 \times v_r \times d - 0.61 \times 10^{-3} \times \theta \times d + 25.74 \times v_r^2$$
$$- 0.37 \times 10^{-3} \times \theta^2 - 0.07 \times d^2 \tag{5.15}$$

表 5.5 给出了阻力系数模型的方差分析结果。在阻力系数与智能封堵减振结构参数的关系模型中，拟合方程的显著性 F 值为 21.91，表示该模型可信。只有 0.01% 的可能会因噪声而出现较大的 F 值。在阻力系数的模型中，压头倾斜角和智能封堵器端面直径的差异性指标 p 值小于 0.0001，因此，它们对于拟合模型比较重要，即压头倾斜角和智能封堵器端面直径对封堵过程中的阻力系数影响较大。三个参数对阻力系数模型的影响程度依次是压头倾斜角度、智能封堵器端面直径和径向初始速度。相关系数 R^2 为 0.9715，表明拟合合理。该阻力系数模型可用于指导智能封堵器减振结构的设计。

表 5.5　阻力系数的方差分析

项目	平方和	自由度	均方差	F 值	p 值	R^2
模型	43.80	14	3.13	21.91	<0.0001	0.9715
v_r	1.49×10^{-3}	1	1.49×10^{-3}	0.010	0.9210	
θ	16.84	1	16.84	117.95	<0.0001	
d	25.50	1	25.50	178.63	<0.0001	
$v_r \times \theta$	0.012	1	0.012	0.084	0.7779	
$v_r \times d$	0.18	1	0.18	1.25	0.2922	
$\theta \times d$	0.012	1	0.012	0.085	0.7771	
v_r^2	0.17	1	0.17	1.17	0.3070	
θ^2	0.089	1	0.089	0.62	0.4512	
d^2	0.18	1	0.18	1.28	0.2869	
残差	1.29	9	0.14			
总和	45.09	23				

　　为了强调不同响应变量对阻力系数的影响，对加权结果进行分析。减振结构参数压头倾斜角和智能封堵器端面直径位于"95%置信区间"，则被认为是重要变量，而径向初始速度对阻力系数的影响较小。为了验证智能封堵器减振结构参数与阻力系数的关系模型，将使用减振结构阻力系数模型的计算结果与通过 CFD 仿真分析获得的 24 种设计方案的模拟结果进行比较，如图 5.10 所示。仿真结果分布在通过 (0, 0) 点且斜率为 1 的直线附近，且误差较小。因此，证明阻力系数与智能封堵器减振结构参数的关系模型是合理的。

　　图 5.11 显示阻力系数模型残差的正态分布概率，该图表明阻力系数模型的残差遵循正态分布。输出值的学生化残差为 x 轴，其百分比为 y 轴。阻力系数在直线周围不规则地分布，并且近似为直线。因此，它可以近似为正态分布曲线。

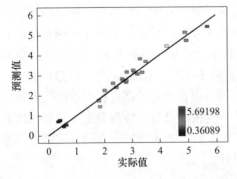

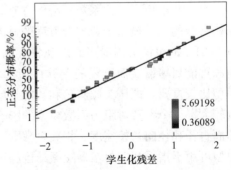

图 5.10　阻力系数的计算结果与仿真结果的比较　　图 5.11　阻力系数残差的正态概率

图 5.12 表示为各个一阶参数之间的关系。当直径恒定时，压头倾斜角先减小，后随着径向初始速度的增加而增加。当径向初始速度为 0.2mm/s 左右时，压头倾斜角最小。当压头倾斜角恒定时，随着径向初始速度的增加，直径先增大，后减小。当径向初始速度约为 0.2mm/s 时，直径最大。当径向初始速度恒定时，如图 5.12（c）所示，轮廓线密度最高，因此压头倾角和智能封堵器端面直径之间的相关性更加显著。径向初始速度和压头倾斜角之间的相关性最差。该结果与方差分析结果一致。

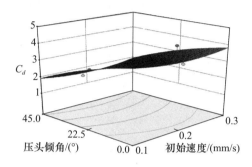

(a) 径向初始速度和压头倾角之间的关系

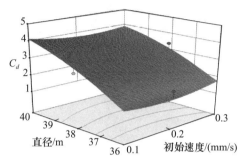

(b) 径向初始速度和直径之间的关系

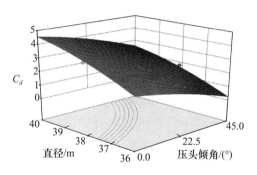

(c) 压头倾角和直径之间的关系

图 5.12 各一阶参数之间的关系

5.2.3 智能封堵器减振结构优化模型对压力系数的影响

同理，根据表 5.3 和表 5.4 的结果，得出压力系数与智能封堵器减振结构参数之间的相关关系，见式（5.16）：

$$C_p = -81.60 - 38.26 \times v_r - 0.05 \times \theta + 4.94 \times d + 0.08 \times v_r \times \theta + 0.87 \times v_r \times d + 9.33 \times 10^{-3} + 0.64 \times 10^{-3} \times \theta \times d + 8.68 \times v_r^2 + 0.24 \times 10^{-3} \times \theta^2 - 0.08 \times d^2$$

$$(5.16)$$

式（5.16）为智能封堵器减振结构的压力系数模型。根据表 5.6 所示的方差分析结果，只有在噪声小于 0.01% 时才会出现较大的 F 值，而该数学模型的 F 值为 48.61，说明模型置信度高，模型可信。当拟合模型中的 p 值小于 0.05 时，表示该因素是模型中的主要影响因素。对于管内流场的压力系数来说，智能封堵器直径和压头倾斜角是引起其变化的主要一次变量。而智能封堵器径向初始速度对模型的二次因素具有较大的影响，因为智能封堵器径向初始速度会与端面结构产生互馈作用，所以其与端面结构参数的一次乘积会对流场波动产生较大的影响。模型总的 p 值小于 0.0001，这意味着模型在 99% 的置信区间仍是可靠的。相关系数为 0.9860，拟合相关系数与数据点吻合较好。因此，该模型可以用来指导智能封堵器减振结构参数的设计。

表 5.6 压力系数的方差分析

项目	平方和	自由度	均方差	F 值	p 值	R^2
模型	37.49	14	2.68	48.61	<0.0001	0.9869
v_r	0.011	1	0.011	0.20	0.6661	
θ	0.42	1	0.42	7.65	0.0219	
d	33.81	1	33.81	613.82	<0.0001	
$v_r \times \theta$	0.57	1	0.57	10.42	0.0104	
$v_r \times d$	0.49	1	0.49	8.82	0.0157	
$\theta \times d$	0.013	1	0.013	0.24	0.6349	
v_r^2	0.019	1	0.019	0.35	0.5709	
θ^2	0.037	1	0.037	0.67	0.4357	
d^2	0.23	1	0.23	4.19	0.0710	
残差	0.50	9	0.055			
总和	37.98	23				

为了验证智能封堵器减振结构的压力系数模型，将智能封堵器减振结构压力系数模型的仿真结果与拟合结果进行比较，如图 5.13 所示，图中拟合预测值分布在过零点且斜率为 1 的直线附近，因此可认为拟合结果与 CFD 模拟结果基本吻合，压力系数模型可以用来指导管内智能封堵器减振结构参数的设计。

图 5.14 表示该模型呈现二次回归分布。智能封堵器减振结构的压力系数模型被证明有效且合理。随着每个因素的增加，径向初始速度先增加然后减小，压力头倾斜角先增加然后减小，直径逐渐增大。当径向初始速度在 0.15~0.35mm/s 并且压头倾斜角在 0.38°~18.38° 时，直径获得最佳值。径向初始速度和压头倾斜角的最佳值则无法直观地从图像中获得，需要进一步的分析。

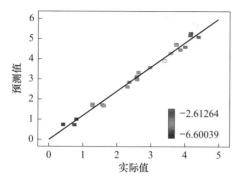
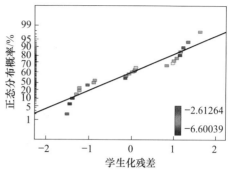

图 5.13 压力系数的计算结果与仿真结果的比较　　图 5.14 压力系数残差的正态概率

图 5.15 表示为各个一阶参数之间的关系。当直径恒定时，压头倾斜角和径向初始速度呈收敛形式，收敛值在初始速度为 0.3mm/s、压力倾斜角为 3°附近。当径向初始速度为 0.3mm/s 左右时，压头倾斜角最小。当压头倾斜角恒定时，随着径向初始速度的增加，直径先减小，然后增大。当径向初始速度为 0.2mm/s 左右时，直径最小，收敛点趋于初始速度为 0.2mm/s，且智能封堵器直径较大的位置，无法通过实验直接获得。当径向初始速度一定、压头倾斜角为 23.5°时，直径最小，收敛点趋于压头倾角为 23.5°，且智能封堵器直径较大的位置，该数值也无法通过实验直接获得。当径向初始速度恒定时，如图 5.15（c）所示，轮廓线密度最高，因此压头倾斜角和智能封堵器端面直径之间的相关性更加显著。而径向初始速度和压头倾斜角之间的相关性最显著。该结果与方差分析结果一致。

因此，仿真结果说明修改智能封堵器减振结构参数可以有效减少封堵致振，同时降低智能封堵器与管道之间的互馈损伤，其中表 5.3 中智能封堵器减振结构方案 12 的阻力系数和压力系数相对较小。与方案 22 的空白对照组的结果相比，阻力系数和压力系数分别减少了 79.4% 和 35.4%。

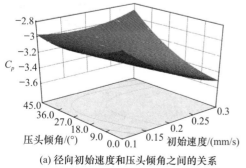
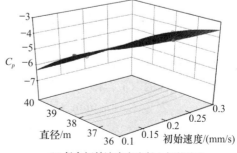

(a) 径向初始速度和压头倾角之间的关系　　(b) 径向初始速度和直径之间的关系

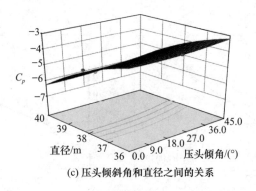

(c) 压头倾斜角和直径之间的关系

图 5.15　各一阶参数之间的关系

5.3　基于遗传/粒子群算法的智能封堵器结构减振优化方法

综上分析，改变智能封堵器的结构参数可以降低封堵致振，但是，无法从响应分析中直接得到阻力系数和压力系数同时收敛效果最好的智能封堵器减振结构参数，所以，为了获取复杂环境中封堵致振最小的智能封堵器减振结构参数，需要通过其他优化算法对其进行优化设计。

5.3.1　基于遗传算法的优化设计

遗传算法是一种模拟生物进化过程的智能计算模型，该算法模型通过学习达尔文"物竞天择，适者生存"的进化论理念和自然界中"优胜劣汰"的遗传学机理，模拟生物在自然进化过程中生存下来的过程就像个体在解域里不断改进适应变化而靠近到最优解。遗传算法的优点在于其直接对结构对象操作，不存在求导和函数连续性的限定；可以自适应调节搜索方向，从而具有更好的全局搜索能力，其流程如图 5.16 所示。

优化的目的是同时得到封堵致振最小的智能封堵器减振结构阻力系数（式 5.15）和压力系数（式 5.16），从而实现稳定的控制环境。优化的目标函数见式（5.17），将 $|C|$ 定义为智能封堵器封堵振动特征。其中，λ 为权重因子。两个目标值，阻力系数（C_d）和压力系数（C_p）无法同时收敛到最小值，因此需要对两个目标值进行加权。假设两个目标值对流场的影响相同，即 $\lambda=0.5$，而约束函数与表 5.3 的取值范围一致，见式（5.18）。

$$\min |C| = \lambda |C_d| + (1-\lambda)|C_p| \tag{5.17}$$

$$s.t. \begin{cases} 0.1 \leqslant v_r \leqslant 0.3 \\ 0 \leqslant \theta \leqslant 45 \\ 36 \leqslant d \leqslant 40 \end{cases} \tag{5.18}$$

初始化种群，种群中的每一组参数都被称为单个个体，一个基因被定义为个体的一个参数。一个基因的权值满足压力系数和阻力系数的状态，人口总数设定为100。在本设计中，目的是找到满足最小目标的智能封堵器减振结构参数。适应度定义为：v_r，θ，d。

交叉是交换后代繁殖的过程，新一代是由亲本的线性组合产生的，这些父代是被选来交叉的个体。在本设计中，新一代的设计满足压力系数和阻力系数的条件。剔除不满足该条件的随机生成，引入另一个满足该条件的随机生成。这样，优化的过程不会过早结束，导致结果局部极小。交叉率设置为0.95，变异率设置为0.95。

5.3.2 基于粒子群算法的优化设计

在优化阶段，无法使用响应面法直接从回归模型中预测响应变量的最佳值。因此，需要进一步的对封堵器结构参数进行优化。而粒子群优化算法具有群智能性和较好的固有并行性、简单的迭代格式和快

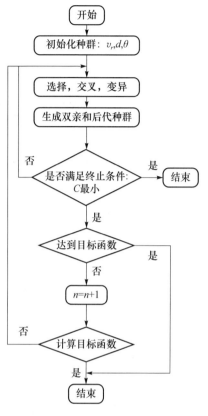

图 5.16 智能封堵器减振结构优化遗传算法实现流程图

速收敛的优势。与改进的遗传算法相比，粒子群优化算法在迭代过程中仅需要原始的数学运算。它不需要遗传算子，如繁殖、杂交和突变等。因此，粒子群优化算法的计算过程相对简单，易于实现。同时，目标函数直接用作适应度函数来指导粒子群优化算法的搜索，从而易于处理非线性优化问题。粒子群算法的流程如图 5.17 所示。

粒子群优化算法是通过重复迭代找到最佳的解决方案。在每次迭代中，通过跟踪两个极值来更新粒子。两个极值分别是个体最优解和全局最优解。在优化过程中，根据式（5.19）和式（5.20）更新粒子的速度和位置。

$$v_{i,j}(t+1) = v_{i,j}(t) + c_1 r_1 [p_{i,j} - x_{i,j}(t)] + c_2 r_2 [p_{g,j} - x_{i,j}(t)] \quad (5.19)$$

$$x_{i,j}(t+1) = x_{i,j}(t) + v_{i,j}(t+1) \quad (5.20)$$

其中，i 为当前粒子，j 为当前维空间，c_1 和 c_2 为学习因子，r_1 和 r_2 为 $[0,1]$ 之间的两个随机数。如果 $v_{i,j} > v_{max}$，则 $v_{i,j} = v_{max}$；如果 $v_{i,j} < -v_{max}$，则 $v_{i,j} = -v_{max}$。

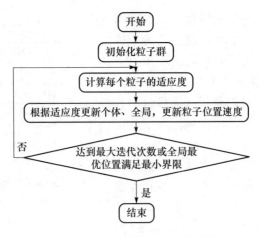

图 5.17　粒子群算法实现流程图

其中，目标函数与式（5.17）一致，约束函数与式（5.18）一致。如果直接应用基本的粒子群算法优化，优化模型将多次掉入局部最优中，产生的误差较大。因此，对粒子群算法进行改进，引入惯性加权因子 ω，从而修正式（5.19）：

$$v_{i,j}(t+1) = \omega v_{i,j}(t) + c_1 r_1 [p_{i,j} - x_{i,j}(t)] + c_2 r_2 [p_{g,j} - x_{i,j}(t)] \quad (5.21)$$

$$\omega = \omega_{\max} - \frac{t \times (\omega_{\max} - \omega_{\min})}{\omega_{\max}} \quad (5.22)$$

其中，$\omega_{\max}$ 和 $\omega_{\min}$ 分别为 ω 的最大值和最小值；t 为当前迭代步数。较大的权系数有利于跳出局部极小值，有利于全局搜索；而小的惯性因子有助于对当前搜索区域进行精确的局部搜索。因此，采用线性变化的权值将惯性权值由最大减小到最小。在本书中，初始因子为 24，最大迭代次数为 2000 次，初始时间和收敛时间的加权值分别为 0.9 和 0.4，并设置连续两次迭代的最优值均小于 1×10^{-25} 时停止迭代。

5.3.3　优化结果分析

通过粒子群算法优化智能封堵器减振结构的阻力系数和压力系数。阻力系数和压力系数分别加权为 0.5，并将获得的智能封堵减振结构参数称为"Model 1"，如图 5.18（a）所示，此时获得智能封堵器封堵振动特征值 $|C|$ 为 1.52126，优化的三个参数分别为 0.16459、45 和 36。当迭代步数小于 50 时，接近最小值，因此在收敛速度方面具有显著优势。阻力系数接近于空气动力学的理论最小值，因此优化精度较高。通过遗传算法优化的智能封堵器减振结构阻力系数和压力系数所获得的参数称为"Model 2"，如图 5.18（b）所示，此时获得的智能封堵器封堵振动特征值 $|C|$ 为 1.79132，优化后的三个参数分别为 0.15257、45 和 36。同时定义响应分析中封堵致振最小的智能封堵器减振结构的结果为"Model 0"，即表 5.4 中的

智能封堵器减振结构实验方案12。

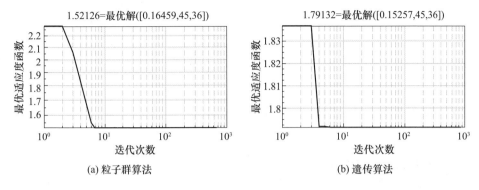

图 5.18　结构参数模型优化结果

三种优化方式中智能封堵器减振结构的参数见表5.7。

表 5.7　三种优化模型的参数

名称	径向初始速度/（mm/s）	压头倾斜角/（°）	封堵器端面直径/mm
Model 0	0.1	45	36
Model 1	0.16459	45	36
Model 2	0.15257	45	36

比较三种情况下的智能封堵器封堵振动特征值 $|C|$，如图 5.19 所示。基于粒子群算法优化的智能封堵器减振结构具有最佳的效果，其次是遗传算法。而且阻力系数受智能封堵器结构参数的影响较大。经过遗传算法优化后的智能封堵器减振结构，封堵致振降低 47.95%。进行粒子群算法优化后，封堵致振减少 49.56%。因此，粒子群算法在优化智能封堵器减振结构方面更加准确有效。

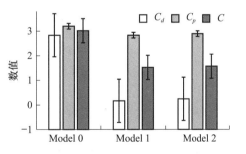

图 5.19　不同优化方法的结果比较

5.4　智能封堵器结构减振实验

5.4.1　智能封堵器减振结构实验设计

为了验证仿真结果，设计智能封堵器减振结构优化的实验装置，如图 5.20

所示，主要包括液压泵、泄流阀、流量计、压力传感器和数据采集系统等。在实验过程中首先打开液压泵向封堵管道注水，直至管内充满平稳流动的介质时开始测量数据。为了得到不同位置处流场的变化情况，在管道上设置七个测量点，即图 5.20 中的 A～G 点。随着封堵进程的逐渐增大，管内流场的变化更加剧烈。因此，设计的压力观测点是不均匀分布的。越接近完全封堵时，观测点就越密集。实验中，对封堵点附近的 7 个点进行了测压，如图 5.20 中 A～G 所示，其中 A、B、C 为第一阶段的 3 个点，D 为第二阶段的 1 个点，E、F、G 为第三阶段的 3 个点。

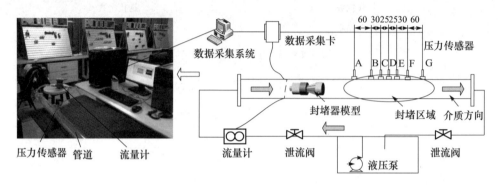

图 5.20　智能封堵器减振结构优化实验装置

5.4.2　智能封堵器减振结构实验结果分析

在实验中，分别测量"Model 0""Model 1"和"Model 2"的流场压力。观测壁面 A～D 点压力信号的实时变化情况，并将测得的时域信号转换为频域信号进行分析。从图 5.21 所示的时域图可以看出，各测量点的压力都存在一定的振荡，但基本上都在平均压力附近波动。对比不同模型的时域图，发现"Model 1"的压力脉动最小。对比同一模型 A～D 点的时域图，发现 D 点的压力脉冲最大，D 点两侧的压力脉冲随着距离的增加依次减小。同理，得到其他五个测量点的时域图和频域图。

图 5.22 显示了在封堵完成时每个测量点最高振幅的频率。由图 5.22 可知，在测量点 A 和 G 处的最大振幅频率相对较小，受智能封堵器减振结构参数的影响较小。智能封堵器减振结构参数对中间五个测量点的压力变化影响较大，压力波动也较大。对这三个减振结构模型进行比较分析，结果表明"Model 1"的最高振幅频率最小，其次是"Model 2"，"Model 0"的最高振幅频率最大。

不同智能封堵器减振结构优化模型的受力分布情况如图 5.23 所示，在各个方向的平均受力值见表 5.8。与"Model 2"相比，"Model 1"在 x 方向总受力减少了 11.14%，在 y 方向的总受力减少了 36.63%。因此，证明当使用"Model 1"进行封堵时，流场的振动较小，并且封堵过程更加稳定和安全。

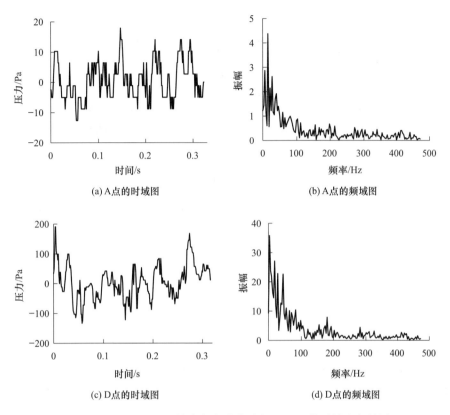

(a) A点的时域图 (b) A点的频域图

(c) D点的时域图 (d) D点的频域图

图 5.21 "Model 1"封堵完成时检测点 A 和 D 的时域和频域图

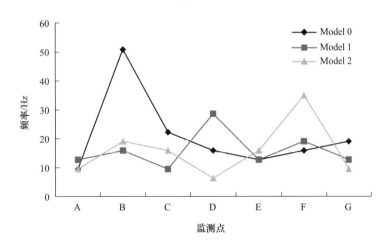

图 5.22 封堵完成时最高频率振幅示意图

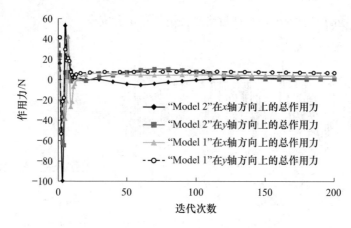

图 5.23　不同优化模型结果比较

表 5.8　三种减振结构优化模型的受力情况

名称	x 轴作用力/N	y 轴作用力/N
Model 0	18.71	16.52
Model 1	11.86	7.43
Model 2	13.35	11.73

基于响应面法设计智能封堵器减振结构方案，在 CFD 仿真分析的基础上，建立阻力系数和压力系数与智能封堵器减振结构参数的关系模型，结果表明修改智能封堵器结构参数可以有效的降低封堵致振。基于阻力系数和压力系数与智能封堵器减振结构参数的关系模型，提出了粒子群算法优化智能封堵器减振结构，得到封堵致振最小的结构参数。搭建实验装置，结果表明优化后的智能封堵器减振结构在封堵过程中可以降低振动 49.56%，同时优化后的智能封堵器减振结构模型可以使封堵过程中智能封堵器在 x 方向总受力减少 11.14%，在 y 方向的总受力减少 36.63%，该方法可以用于指导不同封堵进程时智能封堵器结构参数的设计与调整。

第 **6** 章

基于智能封堵器运动状态的减振控制方法

　　管内智能封堵器动态封堵过程中周围流场特征参数的变化规律属于钝体绕流范畴。流体经过物体表面时，由于流体黏性力作用，导致物体表面附近流动区域内存在较大的速度梯度，形成壁面边界层，流动越靠近下游，受黏性影响减速的流体越多，导致边界层越厚。在一定的雷诺数和外形条件下，边界层内部会产生逆压梯度，在其作用下边界层会逐渐脱离壁面与外部主流区混合，随着流动的进一步发展，在下游位置会产生一定尺度的漩涡，而涡的形态和运动特征在不同的参数条件下具有明显差异。由于钝体绕流现象广泛存在于航空、建筑、仪器仪表等众多工程领域，因此具有较高的研究价值。

　　长期以来，各国学者针对工程案例中一些常见的外形结构如台阶、圆柱、梯形、三角形、圆盘等，通过数值模拟的方法对绕流过程中漩涡的演化规律以及漩涡彼此之间相互作用的规律有了更直观深入的了解，并将研究成果运用于指导工程实践。Y. Addad 利用大涡模拟研究高速空气经过前后台阶的过程，寻找产生空气噪声的原因，来提高铁路附近社区居民和乘客的舒适性。在石油领域，立管涡激振动属于典型的圆柱绕流问题，近年来，各国学者通过数值模拟方法对低雷诺数下圆柱受迫振动有较深入的研究。

　　由于智能封堵器外形复杂，与以上常见的外形结构存在较大差异，并且在实际的管内封堵作业过程中，智能封堵器的外部结构还会发生显著变化，同时智能封堵器与管内壁之间的环形流通面积逐步减小，必将导致智能封堵器周围流场的压力、速度等特征参数的剧烈变化，因此有必要对各封堵阶段下的管内流场进行深入研究。

6.1　不同封堵状态对封堵过程中流场的影响

6.1.1　速度场分析

　　由于模型为对称结构，取对称平面（$z=0$ 平面）来研究管内流场状态较为直观，图 6.1 所示为 6 种封堵状态下的管内速度场分布，可明显观察到在智能封堵器前后端面附近流场会同时形成一定规模的驻点区域，上游均匀流动的流体在流经前端面时由于其阻隔，造成流体动能损失严重，流速急剧降低，因此形成了

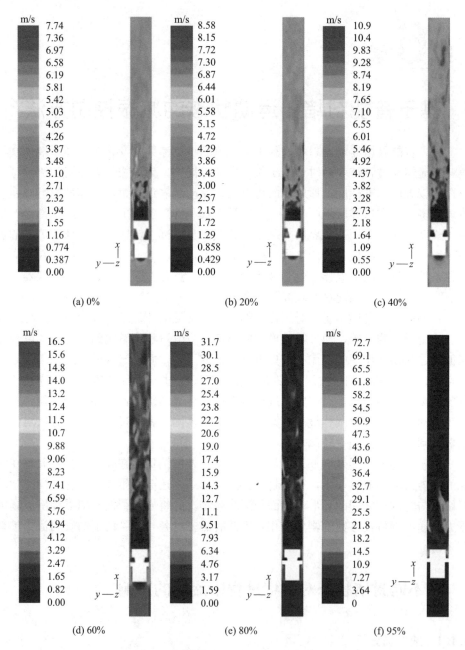

图 6.1 不同封堵状态下对称面速度分布云图

前端面的驻点流域。在智能封堵器行进过程中，这部分流体损失的能量可为智能封堵器提供推进的动力，但在智能封堵器锚定在管内开始封堵作业时，随着封堵比例的增加，管内流通面积减小，上游流体流速减小，导致前端面驻点区域面积进一步增加，该过程会对智能封堵器造成一定冲击，影响封堵作业的稳定性。流体在智能封堵器前后高压差作用下加速通过其与管壁之间狭窄的环形空间，流速急剧升高出现速度峰值，并在下游管壁附近形成一段狭长的高速流动区，但不是对称分布，而是随着封堵比例的变化，封堵器左右高速流动区长度呈现交替变化的现象，在往下游发展的过程中出现融合，并在管中间部分形成一定的波动，最终流速趋于稳定。封堵过程中流速峰值不断升高，因此在封堵点附近的管壁处极可能会产生压力脉动现象。

图 6.2 为 6 种封堵状态下的管内流场顺流速度为零的等值面图，该等值面包裹的流场区域即是回流区。从图 6.2 中可直观地看出，回流区主要分布在推筒表面、封堵边界后部以及靠近智能封堵器尾部的下游位置。推筒表面的回流区随封堵比例增加而减小，主要由于封堵比例增大导致上游流速降低，表面阻力减小。而智能封堵器下游回流区则随封堵比例的增加而不断扩大，并且在下游管壁附近存在二次回流区，封堵导致智能封堵器与管壁之间环形空间的流体速度升高，致使智能封堵器尾部表面流体局部雷诺数变大，转捩点提前，演化出的漩涡湍动能增强，加剧了下游流体的动能损耗。

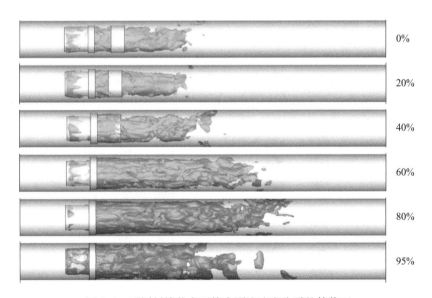

图 6.2 不同封堵状态下管内顺流速度为零的等值面

在不同封堵状态下智能封堵器下游中心线顺流速度如图 6.3 所示，从图 6.3 中可明显观察到在靠近智能封堵器的下游局部区域流速基本为负，这表明该区域存在回流现象与图 6.1 和图 6.2 的结果一致。在封堵达到 80% 以前，回流区的长度与封堵比例呈正比，随着封堵比例的增加，下游的速度波动愈加激烈，这与速度分布云图分析结果完全一致。当流场进一步往下游发展时，流速最终趋于稳定，并保持在与入口流速相当的数值水平。

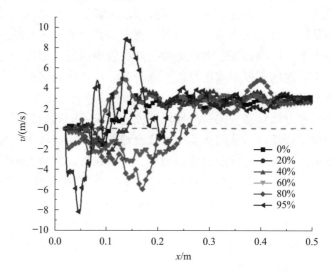

图 6.3　不同封堵状态下智能封堵器下游中心线顺流速度

6.1.2　压力场分析

图 6.4 为 6 种封堵状态下模型对称平面内的总压分布云图，总压为静压和动压之和，反映了管内各区域流体的动能和势能水平。由于智能封堵器的阻隔作用

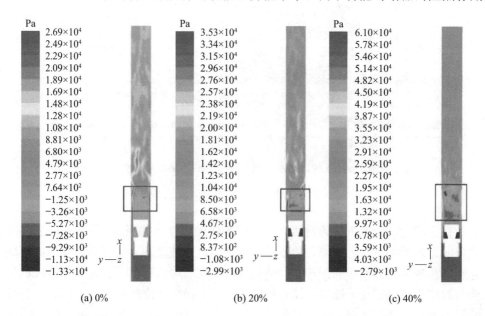

(a) 0%　　　　　　　(b) 20%　　　　　　　(c) 40%

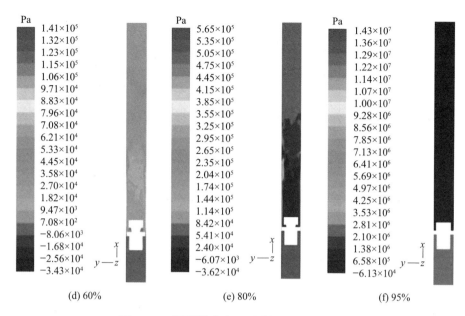

图 6.4 不同封堵状态下对称面总压分布云图

使其周边流场分为三部分，上游为高压低速区，中间为压力过渡射流区，下游为低压回流区。

随着封堵比例的不断增加，上下游的高压和低压区面积逐渐扩大，过渡区面积减小，管内压力梯度增大，导致智能封堵器的轴向受力也越来越大。图 6.4 中方框处可明显观察到在下游低压回流区存在多个错落分布的低压中心，并且随着封堵的进行，低压中心的位置在不断变化，影响区域也在进一步扩散。这表明在此过程中智能封堵器尾部位置存在涡的交替形成、脱离，这是管内产生压力脉动的主要原因，而且在封堵后期其脉动强度会不断增大。

智能封堵器周围流场在封堵过程中沿顺流方向的压差变化如图 6.5 所示。由图 6.5 可明显看出，封堵过程中智能封堵器上下游压差一直呈上升趋势，主要由于流量减小导致上游流体减速静压增大，尤其在封堵比例达到 80% 后压差增长曲线变为指数型。与此同时，压差随封堵比例的变化率呈现相同的增长趋势，如图 6.6 所示。如果在整个封堵过程中一直保持匀速，压差随时间的变化率则会达到较高水平，在此情况下，管内极易发生较强的水击现象，因此需采取合适的控制方法缓解压差增加速率。

6.1.3 阻力系数

物体在流体中会受到流体黏性力的作用，根据作用力的方向不同可分为摩擦

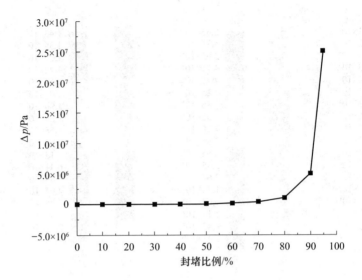

图 6.5 压差变化曲线

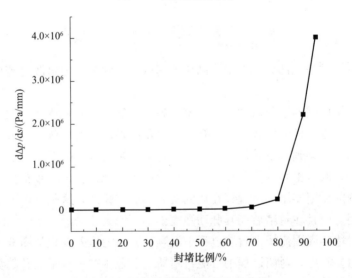

图 6.6 压差随封堵行程变化率曲线

阻力和压差阻力，其和称为物体阻力，物体的阻力系数 C_d 由式（6.1）确定：

$$C_d = \frac{F_d}{\frac{1}{2}\rho v_\infty^2 A} \tag{6.1}$$

其中，F_d 为物体所受阻力，A 为物体在垂直于运动方向或来流方向的截面积，v_∞ 为主流速度。

阻力系数可以反映物体在流场中的受力状态，在封堵作业过程中，管内流体对智能封堵器的作用力对封堵器作业的顺利进行具有较大影响。图 6.7 和图 6.8 分别为封堵过程中智能封堵器在径向和轴向的阻力系数曲线，径向阻力系数随封堵比例的增加呈现波动特性，且在封堵后期波动幅度增大，该结果表明智能封堵器表面存在周期性的涡交替脱落现象，这会引起智能封堵器基体的振动，如振动过大可能严重影响其部件的工作性能。轴向阻力系数与封堵器前后压差变化基本一致，从封堵作业开始管内流体对智能封堵器的轴向作用力一直呈增大趋势，封堵比例从 0％到 80％的过程中，受力变化较为平稳，但当封堵比例到达 80％后，阻力呈数量级式增长，因此在封堵末期智能封堵器会受到巨大的轴向冲击力，对封堵作业存在潜在威胁。

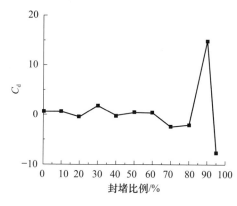

图 6.7 智能封堵器径向阻力系数

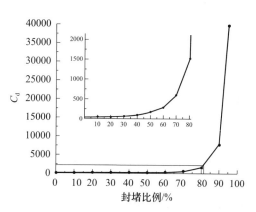

图 6.8 智能封堵器轴向阻力系数

6.2 封堵速度对封堵过程中流场的影响

6.2.1 封堵动态模拟

为更加直观深入地研究封堵作业过程中管内流体参数随时间变化的规律，利用 Fluent 的动网格技术模拟完整的封堵过程，并比较不同封堵速度下管内流场参数变化的区别。Fluent 的动网格技术通常应用于流域边界出现运动或变形的案例中，边界的运动方式可以通过 UDF 来定义，由于边界的运动会引起流域形状随时间而变化，所以此类流动一般为非稳态流动。这种流动情况既可以是一种指定的运动，也可以是一种未确定的运动，下一时间步的运动情况是由当前时间步的计算结果确定的。各个时间步的网格更新是基于边界条件新的位置，由 Fluent 自动来完成的。

使用动网格时，其建立网格模型的过程和静态数值模拟并无太大区别，只是需要提高网格质量，同时定义运动边界的运动函数。为提高动网格的计算精度，通常先对未开始运动前的初始状态下的模型进行计算，当流场达到收敛条件后，再对边界运动进行模拟。在很多案例中，会经常出现同时存在运动区域和不运动区域的情况，因此需要在建立初始网格模型时进行区域划分，各个区域之间通过滑移面实现连接。

对于通量 ϕ，在任一控制体 V 内，其边界是运动的，遵循守恒方程：

$$\frac{\mathrm{d}}{\mathrm{d}t}\int_V \rho\phi\mathrm{d}V + \int_{\partial V}\rho\phi(\vec{u}-\vec{u_s})\mathrm{d}\vec{A} = \int_{\partial V}\Gamma\nabla\phi\mathrm{d}\vec{A} + \int_V S_\phi\mathrm{d}V \tag{6.2}$$

其中，$\vec{u}$ 是液体的速度矢量，$\vec{u_s}$ 是动网格的网格变形速度，Γ 是扩散系数，S_ϕ 是通量的源项 ϕ，∂V 代表控制体 V 的边界。

式（6.2）中，第一项可以用一阶向后差分形式表示为：

$$\frac{\mathrm{d}}{\mathrm{d}t}\int_V \rho\phi\mathrm{d}V = \frac{(\rho\phi V)^{n+1} - (\rho\phi V)^n}{\Delta t} \tag{6.3}$$

其中，n 和 $n+1$ 代表当前和紧接着的下一时间步的数值。第（$n+1$）步的体积 V^{n+1} 由式（6.4）计算得到：

$$V^{n+1} = V^n + \frac{\mathrm{d}V}{\mathrm{d}t}\Delta t \tag{6.4}$$

在动网格计算中，由于流域形状的变化会导致网格的动态变化，为保证计算的准确性，防止网格发生过大的畸变，Fluent 提供了三种模型来更新变形区域的网格：弹簧近似光顺模型（spring-based smoothing）、动态分层模型（dynamic layering）以及局部重划模型（local remeshing）。它们分别有不同的适用范围，需根据流域的形状和边界的运动形式来确定，也可组合适用。

动态仿真模型与静态模型的初始状态尺寸相同，将推筒和滑块定义为滑移面，通过自定义函数（UDF）控制其移动速度，随着滑块沿滑道向右移动，实现了完整的动态封堵过程。由于 CFD 软件在流量为零时无法继续运行，因此当封堵比例达到 95% 时停止迭代。

利用动网格技术，完成了与实验相同的两种封堵速度下的动态封堵过程的模拟。图 6.9 所示为两种封堵速度下的智能封堵器上下游压差变化曲线，不同的封堵速度使上下游压差的增长速度存在较大差异，但趋势基本一致，并在封堵末期都呈现指数型增加，这与实验数据和静态仿真结果相同。将仿真数据和实验数据对比可发现，其数值存在较大差距，其主要原因是用于实验的有机玻璃管承压能力差，选用的水泵扬程远低于油气管道中所用泵的扬程，因此达不到实际油气管道中操作压力水平，而仿真是参考工业油气管道参数进行设置计算的，所以压力要远高于实验所测得的压力。

设相对压差为 $\Delta p/p_0$，其中 p_0 为管内参考压力，实验和仿真的参考压力分别为 52kPa 和 5MPa，图 6.10 所示为实验和动态仿真相对压差的变化曲线，两

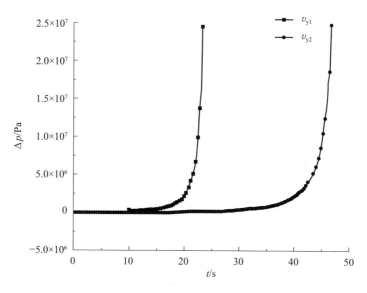

图 6.9　不同封堵速度下的压差变化曲线

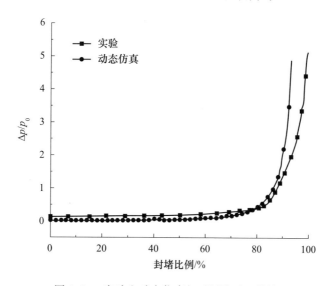

图 6.10　实验和动态仿真相对压差对比曲线

者在 0～80% 的封堵阶段，数值水平接近，且变化趋势一致，增长速度较为平缓。当封堵达到 80% 后，相对压差增速都明显加快，呈现指数型增长，最终使智能封堵器上下游压差远高于管内操作压力，但从图 6.9 中可观察到，在封堵末期，实验数据略低于仿真数据，主要是因为实验在高压状态下存在部分压力泄漏，而仿真是在理想状态下进行的。但其误差在可接受范围内，因此认为实验数据可有效地验证数值模拟结果。在整个封堵过程中，封堵比例从 80% 到封堵完成是管内压力变化最为剧烈的阶段，也是封堵控制的重点，其直接关系到封堵作业的成败，因此需要通过优化封堵速度曲线来缓解压力变化强度，保证封堵作业的顺利进行。

6.2.2 封堵控制策略

在有压管道中，当阀门突然关闭或打开时，流体在惯性力作用下，管内会产生强烈的压强波动，并在管内迅速传播，这种现象称为水击。水击导致管内发生流量冲击与震荡会对管道及其设备造成一定的破坏性振动，同时水击发生时管内压力剧增可达正常工作压力的几十倍，存在严重的安全威胁。长期以来，针对水击的研究主要分为两个方向：一是研究水击的形成机理及其预测，主要成果有弹性水击理论和刚性水击理论；二是水击的防护方法设计，可通过安装水击消除器、泄压阀、调压室等设备，或者延长阀门全部关闭的所需时间等方法来防范水击的发生。

当压力管道发生水击后，水击升压以压力波的形式在有限的管段内进行传播和反射，通常将水击波在管路中往返一次所需的时间定义为水击相时，见式（6.5）、式（6.6）：

$$T_t = \frac{2L_1}{C} \tag{6.5}$$

$$C = \frac{1}{\sqrt{\dfrac{\rho}{K} + \dfrac{\rho D}{Ee}}} \tag{6.6}$$

其中，T_t 为水击相时，C 为水击波传播速度，L_1 为管段长度，K 为管内液体的体积弹性模量，E 为管材纵向弹性模数，e 为管壁壁厚，ρ 为液体密度。

根据阀门关闭历时 T_g 与水击相时 T_t 的大小关系，可将水击分为直接水击和间接水击。当阀门关闭历时等于或小于水击相时时，瞬时关闭阀门所产生的水击为直接水击，其水击压强计算公式见式（6.7）：

$$\Delta P_d = \frac{2L_1 \rho u_1}{T_t} \tag{6.7}$$

其中，u_1 为通过阀门的主流流速。当阀门关闭历时大于水击相时时，阀门关闭所产生的水击为间接水击，其水击压强计算公式见式（6.8）：

$$\Delta P_i = \frac{2L_1 \rho u_1}{T_t + T_g} \tag{6.8}$$

从式（6.7）和式（6.8）中可以看出，直接水击压强远大于间接水击压强，具有较强的破坏力，因此在实际工程中应尽可能避免产生直接水击破坏。在封堵过程中不可避免的会发生水击现象，优化封堵速度曲线的目的是在有限封堵时间内尽可能降低水击压强，将其控制在间接水击的范围内，而水击强度主要与管内压差变化率有关。

智能封堵器在管内进行减速锚定封堵作业需要在超低频电磁脉冲通信系统的控制下完成，该过程中智能封堵器一直保持运动状态，如果超过了通信覆盖范围极有可能导致封堵失败，因此封堵需要在较短的时间内完成。同时由于封堵器的阻隔导致管内流通面积较小，在如此小的流通面积的基础上以较快的速度进行封堵，管内流量和压强变化剧烈，极易引起直接水击。因此通过优化封堵速度曲线可在有限封堵时间内尽可能降低水击压强，将其控制在间接水击的范围内，保障作业的安全性。通过对实验和数值模拟结果的分析可得出，管内封堵过程类似于阀门关闭的后期，两者的压强变化规律相似，因此可采用工程中阀门关闭时所用的方法，即多阶段关闭方式。通常阀门关闭分为两阶段：第一阶段为快速关闭，当阀门相对开度达到 0.05 时进入第二阶段，缓慢关闭。此方法可缓解管内倒流现象，达到泄压的效果，可避免引起较大的水击升压。

参考压力管道阀门关闭的控制方法，并结合实验和仿真数据，由于封堵比例为 80% 时封堵器前后压差存在数量级上的剧增，并且其在尺寸上也等同于阀门开度为 0.05 时的工况，因此以封堵 80% 作为分界点，将封堵作业过程分为快速封堵阶段和缓慢封堵阶段，并对两阶段的速度函数进行优化，以此来保证智能封堵器在管内进行安全高效的封堵作业。

在快速封堵阶段，智能封堵器上下游压差数值远低于管内操作压力，因此可采用相对较高的速度进行匀速封堵。在实际封堵中，封堵速度从零到达匀速封堵状态需要一段加速过程，但其时间很短，在进行封堵速度设计时将其忽略。在缓慢封堵阶段，压差呈现指数增长趋势，其值远高于管内操作压力，因此需要适当降低封堵速度将管内压差变化率控制在安全范围内。

6.2.3 封堵速度设计优化

由于实验和仿真的压差数据差距较大，为更贴近工程应用，以仿真的压差变化曲线为基础来进行速度优化。为保证封堵过程中能避免发生直接水击现象，应使封堵时间远大于水击相时。设封堵点距离上游阀门距离 L_1 为 10000m，在本案例中其他参数数值见表 6.1。

表 6.1 参 数 数 值

参数	数值
K	$2.18 \times 10^9 \, Pa$
E	$2.06 \times 10^{11} \, Pa$
e	5mm

将以上参数值代入式（6.5）、式（6.6）可分别计算出水击相时 $T_t = 14.2s$，

波速 $C=1405\text{m/s}$。

根据理论计算可知在未封堵前封堵器环形空间的主流流速为：

$$u_1 = \frac{u_0 A_0}{A_1} = \frac{2.68 \times 50^2}{50^2 - 37^2} \text{m/s} = 5.92\text{m/s} \tag{6.9}$$

由式（6.7）可计算出直接水击的压强，以此来定义封堵过程中压差变化率的安全参考值为：

$$\frac{\mathrm{d}\Delta p}{\mathrm{d}t} = \frac{\Delta P_d}{2T_t} = 0.29\text{MPa/s} \tag{6.10}$$

在快速封堵阶段为匀速封堵，封堵速度 $v_y(t)$ 为常数，因此智能封堵器上下游压差随封堵行程的变化率 $\dfrac{\mathrm{d}\Delta p}{\mathrm{d}s}$ 与压差随时间的变化率 $\dfrac{\mathrm{d}\Delta p}{\mathrm{d}t}$ 的关系为：

$$\frac{\mathrm{d}\Delta p}{\mathrm{d}s} = \frac{1}{v_y(t)} \cdot \frac{\mathrm{d}\Delta p}{\mathrm{d}t} \tag{6.11}$$

$$v_y(t) = \frac{\mathrm{d}\Delta p}{\mathrm{d}t} \Big/ \frac{\mathrm{d}\Delta p}{\mathrm{d}s} \tag{6.12}$$

其中，s 为封堵径向行程。根据式（6.12）可发现 $\dfrac{\mathrm{d}\Delta p}{\mathrm{d}s}$ 与 $\dfrac{\mathrm{d}\Delta p}{\mathrm{d}t}$ 呈正比关系，因此在快速封堵阶段压差随时间的变化率的峰值必出现在封堵比例为 80% 时，此时 $\dfrac{\mathrm{d}\Delta p}{\mathrm{d}s}=1.74\text{MPa/mm}$，根据式（6.12）可计算出快速封堵阶段的安全封堵速度为 $v_y(t)=0.17\text{mm/s}$，因此该阶段所需封堵时间 t_1 约为 61.2s。

在缓慢封堵阶段，封堵速度 $v_y(t)$ 为关于时间的函数，因此式（6.11）变为如下形式：

$$\frac{\mathrm{d}\Delta p}{\mathrm{d}s} = \frac{1}{t\dfrac{\mathrm{d}v_y(t)}{\mathrm{d}t} + v_y(t)} \cdot \frac{\mathrm{d}\Delta p}{\mathrm{d}t} \tag{6.13}$$

$$t\frac{\mathrm{d}v_y(t)}{\mathrm{d}t} + v_y(t) = \frac{\mathrm{d}\Delta p}{\mathrm{d}t} \Big/ \frac{\mathrm{d}\Delta p}{\mathrm{d}s} \tag{6.14}$$

在不同封堵比例状态下，当 $\dfrac{\mathrm{d}\Delta p}{\mathrm{d}t}$ 等于安全参考值时，其封堵速度称为临界封堵速度。将缓慢封堵阶段的运动离散为以封堵比例增长 1% 为间隔分别建立静态模型进行仿真分析。每两个相邻模型之间的运动视为匀速封堵，即可得到两者在临界封堵速度下的封堵时间。则根据仿真数据的变化趋势，对式（6.14）右边函数进行指数函数拟合得到：

$$\frac{\mathrm{d}\Delta p}{\mathrm{d}t} \Big/ \frac{\mathrm{d}\Delta p}{\mathrm{d}s} = a \cdot \mathrm{e}^{bt} + y_0 \tag{6.15}$$

设偏差函数为：

$$J(a,b,y_0) = \sum_{i=1}^{n} [v_i - v(t,a,b,y_0)]^2 \tag{6.16}$$

利用最小二乘法对函数中未知系数进行全局寻优，使得偏差函数的值最小，优化结果见式（6.17）：

$$\begin{cases} a = 1.363 \times 10^6 \\ b = -0.255 \\ y_0 = 0.011 \end{cases} \tag{6.17}$$

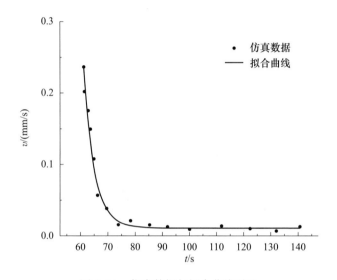

图 6.11 仿真数据与拟合曲线对比

图 6.11 所示为仿真数据和拟合曲线的对比，可看出拟合曲线与仿真数据点偏差小，两者方差和仅为 7.34×10^{-5}，曲线拟合度达 98.5%，完全达到拟合标准。

将拟合函数代入式（6.14）中，该方程即为一阶线性非齐次微分方程，可通过计算得到其通解为：

$$v(t) = \frac{1}{t}(-6.392 \times 10^6 \cdot e^{-0.255t} + 0.011t + c) \tag{6.18}$$

为保证封堵速度从匀速封堵阶段平缓过渡到缓慢封堵阶段，其在分界点位置的速度应保持一致，即当 $t = 61.2\text{s}$ 时，$v(t) = 0.17\text{mm/s}$。因此可计算得到式（6.18）中 c 为 10.797。通过优化得到的封堵速度函数见式（6.19）：

$$v(t) = \begin{cases} 0.17\text{mm/s}, 0 \leqslant t < 61.2\text{s} \\ \frac{1}{t}(-6.392 \times 10^6 \cdot e^{-0.255t} + 0.011t + 10.797)\text{mm/s}, 61.2\text{s} \leqslant t \leqslant 73.2\text{s} \end{cases}$$

$$\tag{6.19}$$

对优化出的封堵速度曲线进行动态模拟，并将不同封堵速度下的管内压差变化率曲线进行对比，如图 6.12 所示。可明显看出在封堵全程都为匀速的条件下进行封堵，在封堵末期压差变化率都会出现指数型增长并远远超出安全参考值。而采用优化的速度函数进行封堵可有效地将封堵末期管内压差变化率的增长速度控制在安全范围内，保证封堵作业的顺利进行。

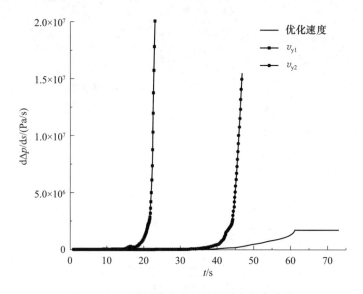

图 6.12 不同封堵速度下的压差变化率曲线

6.3 管内动态封堵模拟实验

动态封堵实验台首先需模拟实际油气管道的流动特征。在工程中，汽油、柴油、煤油等轻质油品类通常采用单管多品种油品批量顺序输送方式，该方法可减少管道建造数量，有利于节省输油成本，具有明显的经济效益。根据现行成品油管道规划设计所参考规范《输油管道工程设计规范》（GB 50253—2014），成品油的顺序输送应在紊流状态下进行，对于管流而言，当雷诺数 Re 大于 12000 时，管内流动基本处于完全紊流状态。随着科技的进步以及油品需求量的不断增大，我国的成品油管道设计管径和流速逐渐增加，显著提高了管道的输送能力，同时管内雷诺数大多远高于 10^5，如兰成渝线、兰郑长线，甚至部分达到 10^6，如茂昆线。

6.3.1 动态封堵实验台简介

为了深入研究封堵过程中管内流场变化规律，设计了如图 6.13 所示的可实现动态封堵的管路实验台，该实验台主要由水循环系统、动力传动及封堵系统、数据采集系统三部分组成。

利用潜水泵将水输送到搭建好的管路中形成水循环回路，调节节流阀使流量达到设定值。封堵器在由步进电机和滚珠丝杠螺母副组成的动力系统的驱动下完成封堵动作，并可调节 PXIe-6356 数据采集板卡输出的脉冲信号频率来改变步进电机转速从而实现不同的封堵速度。实验管段管壁上设置有三个测量点 A、B、C，即为三个压力变送器的安装位置，为等距离分布，间距为 100mm。其中 B 点为管道中点位置，而 A 点和 C 点分别位于封堵器的上下游。在封堵过程中，利用数据采集系统采集管内流量和管壁压强实时数据。

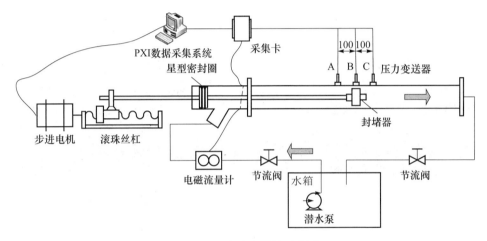

图 6.13 实验台结构示意图

6.3.2 实验方法

按图 6.14 所示搭建好实验系统，管路零件均固定在面包板上，防止管路在实验过程中产生振动对测量结果造成影响，设置电机驱动参数和采样参数后，开启水泵，调节阀门使管路流量达到设定值。待流量稳定后压力变送器开始采样，在初始封堵状态采样 30s 后，施加脉冲信号驱动步进电机开始封堵作业，完成封堵后持续采样 30s，最终保存数据结束采样以此作为一个完整的采样周期。在设置不同的脉冲激励频率条件下，重复上述实验过程，以此来实现不同速度的封堵过程，本实验分别完成了 $v_{y1}=0.52\text{mm/s}$ 和 $v_{y2}=0.26\text{mm/s}$ 两种速度下的匀速封堵过程，此时对应的电机激励频率分别为 80Hz 和 40Hz。

6.3.3 实验数据分析

图 6.15（a）、（b）分别为两种不同的封堵速度下，三个测量点的压力变送

器在封堵过程中测得的压力信号曲线。在封堵作业开始前和结束后阶段，管内各位置压力都处于稳定状态，但压力梯度水平具有较大差异。封堵前智能封堵器下游的管壁附近区域为逆压状态，因此流体经过封堵环形空间后会出现减速，而封堵结束后管内呈顺压状态。从图 6.15 中可观察出，A 点压力呈现持续增长趋势，而 C 点压力则持续下降并最终处于负压状态，随着封堵的进行，智能封堵器上下游压差不断扩大。由于 B 点位于封堵边界附近，封堵过程中，B 点与封堵器的相对位置从下游变成了上游，因此 B 点压力值先下降后升高。通过对比图 6.15（a）、（b）两图可发现相同测量点的压力值在不同封堵速度下变化趋势基本一致，但在不同的封堵速度下其压力值随时间的变化率不同，封堵速度过快会导致在封堵过

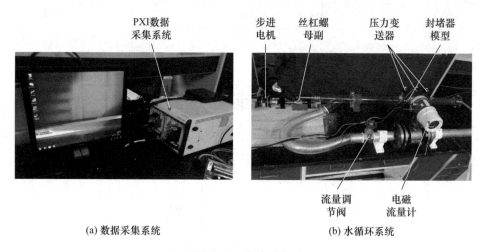

(a) 数据采集系统　　　　　　　　　　(b) 水循环系统

图 6.14　实验系统

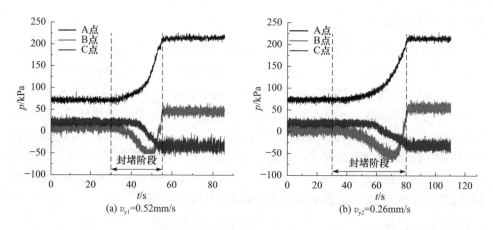

图 6.15　测量点压力曲线

程中管内压力变化率数值较高，易诱发较强的水击现象，从而引起管道的破坏性振动，造成安全隐患。

从图 6.15 中的实验数据可发现存在一定的噪声干扰，因此利用 Savitzky-Golay 平滑滤波器对噪声数据进行平滑，便于提取实验数据中有价值的信息。Savitzky-Golay 滤波器最初由 Savitzky. A 和 Golay. M 提出，后来被广泛运用于数据流平滑除噪，是一种在时域内基于多项式，通过移动窗口利用最小二乘法进行最佳拟合的方法，其可有效保留数据的原始特征，如相对极大值、极小值，等等。

根据实验所采集压力数据特点，设智能封堵器上下游压差为 $\Delta p = p_A - p_C$，对比两种不同封堵速度下的压差变化曲线如图 6.16 所示，从图 6.16 中可明显观察到，在不同的封堵速度下，智能封堵器上下游压差变化趋势基本一致，都呈现指数增长，而且最终达到同一压差水平。这说明压差的数值基本只与封堵比例有关，但在不同的封堵速度下，压差的变化速率具有较大差别，其值过高易引起管内发生剧烈的压强冲击，即水击现象，因此对封堵速度进行优化控制显得尤其重要。

封堵过程中由于封堵位置的环形流通空间截面积逐渐变小，管内流量（见图 6.17）呈下降趋势，由于实验台存在一定的流量泄漏，导致最终的流量并不为零，泄漏量约为 $1.7 \mathrm{m^3/h}$。经过对比不同封堵速度下管内流量的变化规律可发现：管内流量大小基本取决于封堵比例，经分析得到流量与封堵比例的关系曲线如图 6.18 所示，通过最小二乘法拟合得到封堵过程中的流量变化方程为：

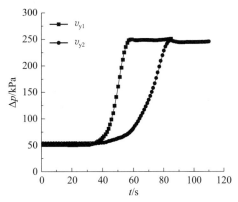

图 6.16 压差变化曲线

$$Q = -8.56 \times 10^{-7} x^4 + 1.14 \times 10^{-4} x^3 - 5.59 \times 10^{-3} x^2 + 0.09x + 19.07$$

$$(6.20)$$

其中，x 为封堵比例，从图 6.17 可看出，此方程具有较好的拟合效果，拟合度为 99.87%。它可用来指导数值模拟，以此作为入口流速的初始条件，提高数值计算的可靠性。

实验中压力变送器采集到的信号是时间函数，表现的为它的时间特性，可以形象直观地捕捉到信号随时间变化的发展趋势。而频率分析把信号通过傅里叶变化后以频率轴为坐标表示出来，使信号分析更为深刻和方便。时域信号和频域信号是对信号的两种不同描述方法，它们是相辅相成的。

傅里叶变换是信号分析和处理的重要工具，其数学表达式为：

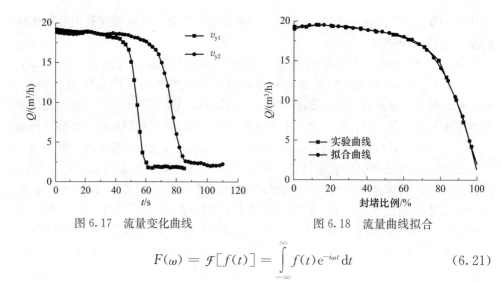

图 6.17　流量变化曲线　　　　　　图 6.18　流量曲线拟合

$$F(\omega) = \mathcal{F}[f(t)] = \int_{-\infty}^{\infty} f(t)\mathrm{e}^{-i\omega t}\mathrm{d}t \qquad (6.21)$$

式中，$F(\omega)$ 为相函数，$f(t)$ 为原函数，相函数为原函数的傅里叶变换函数。

N 点序列 $x(n)$ 的离散傅里叶变化定义为：

$$X(k) = \sum_{n=0}^{n-1} x(n)W_N^{nk} \qquad (6.22)$$

式中，$W_N^{nk} = \mathrm{e}^{-j\frac{2\pi}{N}nk}$，$k=0,1,\cdots,N-1$；其逆变换 IDFT 为：

$$x(n) = \frac{1}{N}\sum_{n=0}^{N-1} X(k)W_N^{-nk} \qquad (6.23)$$

正逆变换的运算量都是相同的。当 N 足够大时，直接计算 DFT 的乘法次数和加法次数都是和 N^2 成正比的，因此需要庞大的计算量，无实用性。1865 年 J. W. Cooley 和 J. W. Tukey 利用 W_N 因子的周期性和对称性构造了 DFT 的快速算法，即快速离散傅里叶变化（FFT），其计算量由 N^2 次降为次，极大地提高了计算速度。

将两种封堵速度下的封堵实验所采集到的压力信号数据进行快速傅里叶变换后，其频率分布如图 6.19 和图 6.20 所示。在两种封堵速度下，管壁三个对应位置的测量点所测得的压力信号频谱分布基本一致，主要集中在 0～100Hz 范围内，而且监测点 B 处在该频段信号强度普遍高于其它两点，主要由于其位于封堵点，压强变化最剧烈。同时各测量点信号的峰值都出现在 50Hz 位置，其与封堵速度无关，并且下游位置其幅值最高。管内产生压力脉动的主要原因是在高雷诺数条件下，封堵器表面边界层内在逆压梯度的作用下不断衍生出漩涡，其按一定的频率从封堵器的尾部脱落向下游发展，因为 C 点靠近封堵器尾部位置，因此其

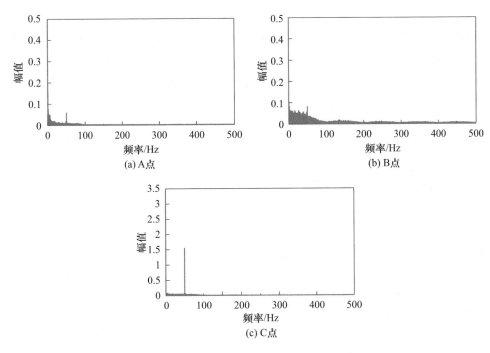

图 6.19 封堵速度为 v_{y1} 时的压力信号频谱图

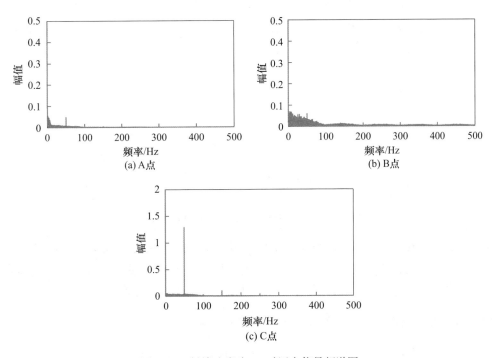

图 6.20 封堵速度为 v_{y2} 时压力信号频谱图

所测得的压力脉动信号强度最大，由于压力脉动在传播过程中存在衰减，因此其它测量点的幅值远低于 C 点。在不同封堵速度下，主频信号并无明显差异，表明封堵作业产生的涡脱频率只与封堵器尾部的外形结构有关，因此完成智能封堵器外形设计工作后，应对其工作流场进行数值模拟，检验其工作时产生的涡脱频率是否避开管道和智能封堵器的共振频率。

根据相似性原理搭建动态封堵实验台，用来模拟完整的管内动态封堵过程，并利用数据采集系统采集封堵过程中的管内流场参数变化。实验完成了两种不同速度下的封堵作业，结果显示管内流场参数的数值主要与封堵比例有关，通过对压力信号进行傅里叶变换后发现在封堵过程中管壁存在一定频率的压力脉动，主频约为 50Hz，对智能封堵器的结构设计具有一定指导意义。

6.4 基于智能封堵器运动状态的减振控制方法设计

通过研究表明，改变智能封堵器在管内的封堵速度可以降低封堵致振。但是优化后的智能封堵器运行速度具有较强的非线性，传统的速度控制方式难以实现精确的减振节能控制。因此，在控制系统中加入 PID 控制器。

6.4.1 基于智能封堵器运动状态的减振控制策略

PID 控制器具有结构简单、运用灵活、调节效率高等优点，所以是目前使用最多且最广泛的控制方法之一。管内智能封堵器减振系统的控制原理如图 6.21 所示。

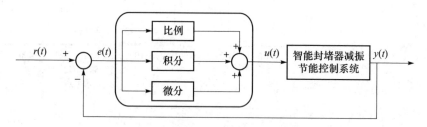

图 6.21 智能封堵器减振系统 PID 控制原理

基于 MATLAB 软件对管内智能封堵器基于 PID 的减振控制系统建模分析，该模型主要包括速度控制模块和减振系统模块，如图 6.22 所示。为了验证控制策略性能，在图 6.22 所设计的液压系统中进行一系列的仿真测试。

6.4.2 基于智能封堵器运动状态的减振控制效果分析

为达到降低封堵致振的目的，在封堵过程中，要求智能封堵器精确地按照预定速度在管道中运行。所以，首先需要验证智能封堵器减振控制系统对于径向速度的追踪性能。

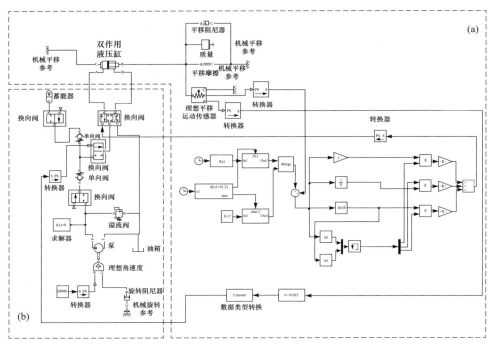

图 6.22　基于 PID 的智能封堵器减振控制系统

(a) 速度控制模块；(b) 减振系统模块

图 6.23 (a)、(b) 分别描述了智能封堵器正弦信号和方波信号的仿真结果。图 6.23 (c) 为系统正弦信号和方波信号的误差。从图 6.23 中可以看出，独立于输入信号的控制算法成功地实现智能封堵器径向速度跟踪。图 6.23 (d) 给出了有、无 PID 控制器时目标径向速度的仿真结果。图 6.23 (e) 为有、无 PID 控制器情况下目标径向速度的仿真误差。可见，与之前的仿真相似，智能封堵器减振控制方法也成功的实现了速度跟踪。对比图 6.23 (a)、(b)、(d) 可知，智能封堵器处于工作状态时，系统的动态响应改变不大。无论是在原始系统还是减振系统中，跟踪误差都是可以接受的，但是当径向速度快速变化时，将产生较大的误差。

然后，改变 PID 控制器参数，验证不同环节对智能封堵减振控制效果的影响，如图 6.24 所示。当该减振节能控制系统中只调节比例系数时，减振控制系统仍具有较大的静态误差，因此加入积分系数。通过改变减振控制系统的积分系数即可有效减小系统的静态误差，但是系统的运行速度也会因此而降低。在加入微分系数后，减振控制系统的调节速度增加，但是易产生超调现象。由图 6.24 可知，该减振控制系统在匀速运行阶段和指数形式运行阶段由 PID 控制更为稳定，而在指数形式运行时，由 PID2 控制更为稳定，管内智能封堵器基于 PID 的减振控制系统的误差在 10% 以内，满足了封堵振动的要求。

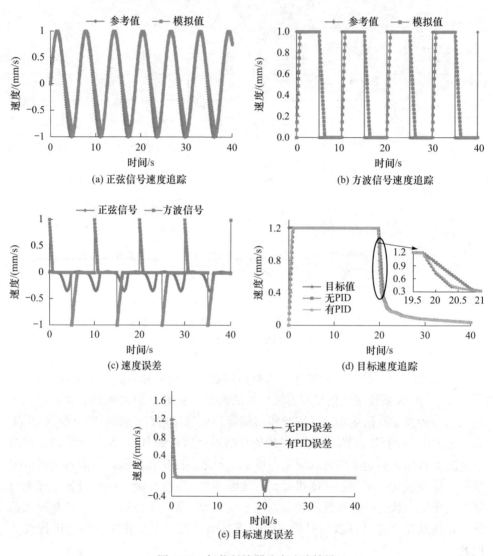

图 6.23　智能封堵器速度追踪结果

通过 PID 控制方法实现封堵过程中的减振设计，从振源上减少封堵致振，该控制方法的误差在 10% 以内，可用于指导智能封堵器的减振控制系统设计。

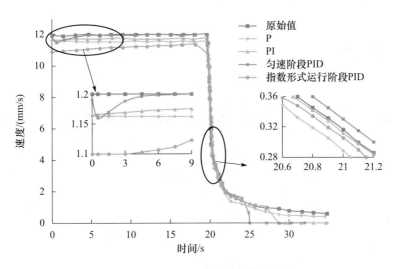

图 6.24　不同 PID 参数减振控制效果

第 **7** 章

管内智能封堵器扰流减振主动控制方法

根据智能封堵器结构参数与封堵振动特征的关系，设计带有扰流板端面的智能封堵器主动减振结构，并根据 CFD 仿真分析，确定扰流板端面的个数、分布、角度等相关参数。通过分析扰流减振模型与封堵振动的关系，模拟动态封堵过程中智能封堵器端面结构连续变化时管内流体的振动演化规律。同时，探究智能封堵器主动减振控制机理，建立基于神经网络算法的扰流板端面主动变化预测模型，并设计实验装置，验证智能封堵器主动减振控制方法的可行性，对封堵作业的安全性、稳定性具有重要理论和实际意义。

7.1 管内智能封堵器扰流减振方案设计

7.1.1 管内智能封堵器扰流减振控制机理分析

在管内智能封堵器中加入扰流装置属于主动减振控制的一种方式。目前可以有效抑制尾部涡击振动的方式主要有：近尾流稳定器、裹覆和表面突出装置三种方式。

近尾流稳定器涡击振动抑制装置即阻止产生的剪切层之间相互作用的装置，其抑制机理为阻止卷吸层的相互作用，其抑制装置主要有飘带、分离盘、导向翼等，其中分离盘是最早和最频繁被研究和使用的涡激振动抑制装置之一。裹覆型涡击振动抑制装置即影响钝体表面产生剪切层的装置，其抑制机理为影响卷吸层，其抑制装置主要有多孔罩、轴向板条、附加控制杆等。表面突起型涡激振动抑制装置即干扰翼展相关性的装置，其抑制机理为影响分离线或分离剪切层，其抑制装置主要有螺旋条纹、扰流板及突起等。早在 1986 年，Stansby 等发现在圆柱一周布置一系列扰流板可以抑制涡激振动达到近 70% 的效果。

结合涡击振动常用的抑制装置及管内智能封堵器的结构特征，选用在智能封堵器中加入带有扰流板端面的方式以实现在封堵过程中主动减少涡击振动的目的。

7.1.2 扰流板减振结构方案设计

智能封堵器端面扰流板的个数、面积、张开角度及分布情况是影响封堵过程中管内流场稳定性的主要因素。因为扰流板的个数及分布情况受到智能封堵器端面参数的影响,无法通过简单的分析得到,因此需先对扰流板的张开角度和面积进行预实验。

首先,改进智能封堵器模型,在其承压头的端面上加入扰流装置,如图 7.1 所示。其中 α 为扰流板与底盘的夹角,在上下底盘中间均匀分布压力弹簧,可以根据指令控制扰流板夹角的开合角度 α。

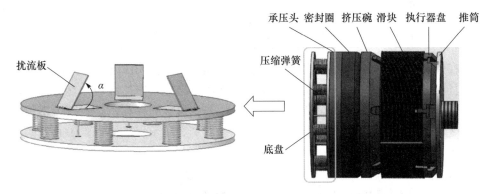

图 7.1 带有扰流板端面的管内智能封堵器减振结构

7.1.3 扰流板减振结构优化设计与仿真分析

将带有扰流板端面的智能封堵器主动减振结构模型导入 Fluent 中,进行三维静态分析,如图 7.2 所示。选择 Simple 算法和标准 k-ε 模型。但是由于管道内壁对湍流模型具有较大的影响,而标准 k-ε 模型主要适用于湍流核心区域的流场计算,在近壁区域可能产生较大的速度梯度或湍动能传递、消耗等问题,因此选择了近壁面模型方法并运用增强壁面处理提高模型的求解精度。

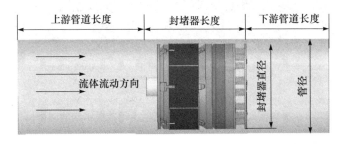

图 7.2 带有扰流板端面的智能封堵器主动减振结构数值分析模型

根据现行的、应用较为广泛的英国 STATS 公司的 Tecno Plug™ 型号的智能封堵器结构参数,设计带有扰流板端面的智能封堵器主动减振结构的 CFD 仿真模型,其设计参数见表 7.1。

表7.1　扰流板主动减振结构数值分析参数

参数	符号	数值
介质密度/(kg/m³)	ρ	998.2
介质动力黏度/(Pa·s)	μ	1.003×10^{-3}
初始压力/MPa	Δp	0.1
初始速度/(m/s)	V_0	5
湍流强度/%	T_i	2.8~4.45
水力直径/mm	H_D	50
管道直径/mm	D	550

在仿真中控制体网格大小为 6mm，智能封堵器后端到出口沿轴线划分为 100份，且网格逐渐增大，管壁与智能封堵器之间由于存在狭窄体区域，在流体外边界利用边界层加密，提高计算精度，出口处由于扰流板的存在，导致产生不规则流体区域，因而采用四面体结构划分网格，如图 7.3 所示。最终得到 160 万网格的流体计算模型。

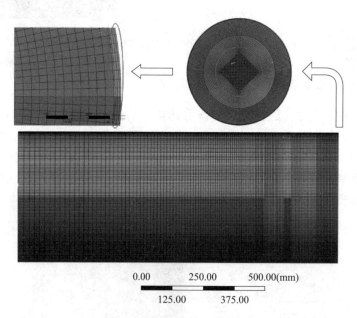

图7.3　带有扰流板端面的智能封堵器主动减振结构的网格模型

（1）夹角设计与分析

因为扰流板的个数、分布等参数受到智能封堵器端面参数的影响，所以先对不受其影响的扰流板夹角和扰流板面积进行预实验。以封堵进程 40% 时为例，得到扰流板夹角与流场振动的关系，见表 7.2。

重复不同封堵进程时的数值模拟，得到不同扰流板夹角与流场振动的关系，其结果与表 7.2 基本一致，可认为当扰流板的夹角为 30°时，封堵致振最小。

表 7.2　流场振动与扰流板夹角的关系

扰流板夹角 α				
0°	30°	60°	120°	150°
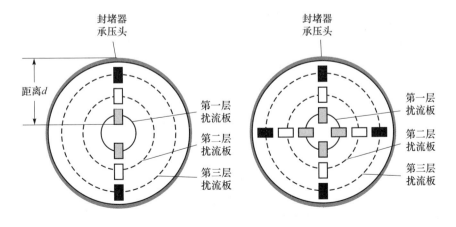				

（2）面积设计与分析

同理对扰流板的面积进行类似的模拟分析，得到扰流板的面积为 1540.30mm²
左右时，封堵致振最小。因此，设计扰流板的尺寸为 30mm×50mm。

（3）个数及分布设计与分析

基于夹角为 30°、尺寸为 30mm×50mm 的扰流板，进一步研究扰流板的个数
及分布情况对不同封堵进程时流场的影响。根据智能封堵器端面参数，将扰流板
设计为 1～3 排，每排均匀分布 2～6 个，与智能封堵器端面边缘的距离为 205～
225mm，如图 7.4 所示。

封堵器
承压头

距离 d

第一层
扰流板

第二层
扰流板

第三层
扰流板

封堵器
承压头

第一层
扰流板

第二层
扰流板

第三层
扰流板

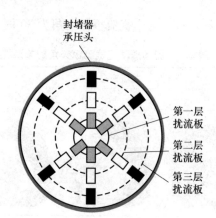

图 7.4　扰流板分布图

基于中心组合设计，以扰流板的个数 n、与智能封堵器端面边缘的距离 d 以及扰流板排数 m 为响应变量，以管道内部流场的压力系数 C_p 为响应指标设计实验方案。带有扰流板端面的智能封堵器主动减振实验分析水平及因素见表 7.3。优化方案的目标是获得最小压力系数，为了获得加权值，设计 16 组方案，见表 7.4，其中方案 0 为无扰流板端面的对照组。

表 7.3　带有扰流板端面的智能封堵器主动减振实验水平及因素

水平	因素		
	个数 n	距离 d	排数 m
−1	2	205	1
0	4	215	2
1	6	225	3

表 7.4　带有扰流板端面的智能封堵器主动减振实验方案

方案	个数 n	距离 d	排数 m	压力系数 C_p	方案	个数 n	距离 d	排数 m	压力系数 C_p
0	2	225	0	20.215	8	4	215	3	11.882
1	2	205	1	17.347	9	4	215	1	13.330
2	2	215	2	10.347	10	4	205	2	8.997
3	2	205	3	15.334	11	6	205	1	15.347
4	2	225	1	13.367	12	6	225	3	15.334
5	2	225	3	14.971	13	6	205	3	15.431
6	4	225	2	12.358	14	6	225	1	19.355
7	4	215	2	11.334	15	6	215	2	9.338

其中，图 7.5 为表 7.4 中带有扰流板端面的智能封堵器主动减振模型 11 的

管内流场云图，可知在封堵过程中将引起管内介质巨大的振动变化，其中水平剖面的静压力最大可达到 1.3×10^7Pa，负压则达到 1.2×10^6Pa，对管道及智能封堵器结构都将产生一定的损伤；而管内介质的流速可达到 160m/s 左右，远远超过设定的流场速度，且形成一定的涡现象，对于封堵作业的安全性存在极大的隐患。

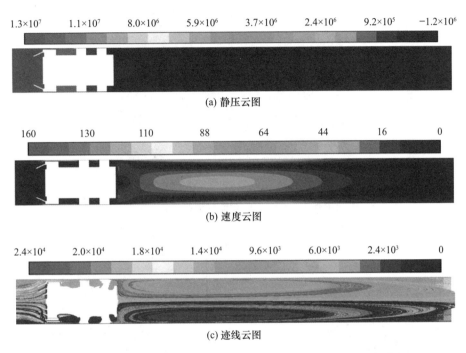

图 7.5　带有扰流板端面的智能封堵器主动减振模型 11 的流场分析

　　图 7.6 为带有扰流板端面的智能封堵器主动减振模型 0 及带有扰流板端面的智能封堵器主动减振模型 11～13 的迹线图。管内流体经扰流板扰动后，其速度峰值在数值上无法显示出明显的改变，但是带有扰流板端面的智能封堵器主动减振模型 0 的上方存在明显且尺寸较大的涡现象。在加入带有扰流板端面的智能封堵器装置后管内介质的涡现象明显减弱，带有扰流板端面的智能封堵器主动减振模型 11 和 12 仅在智能封堵器边缘处存在涡现象。而带有扰流板端面的智能封堵器主动减振模型 13 虽然在智能封堵器远端也存在涡现象，但是相比于带有扰流板端面的智能封堵器主动减振模型 0，涡的尺寸明显有所减小。

　　图 7.7 为带有扰流板端面的智能封堵器主动减振模型 0 和带有扰流板端面的智能封堵器主动减振模型 11 中心剖面上流体质点的速度分布情况。由图 7.7 可知，有、无带有扰流板端面的智能封堵器装置流场的速度分布情况基本一致，但

是在加入带有扰流板端面的智能封堵器装置后，速度的大小在不断的降低。所以在加入带有扰流板端面的智能封堵器装置后对封堵过程中管内流场的稳定性具有重要的意义。

图 7.6 不同带有扰流板端面的智能封堵器主动减振模型的迹线图

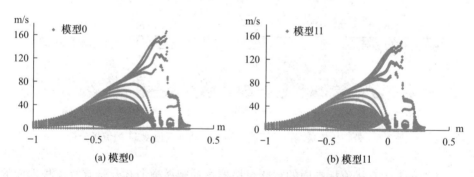

图 7.7 带有扰流板端面的智能封堵器主动减振模型的流体质点速度分布

重复上述模拟，得到 16 组带有扰流板端面的智能封堵器主动减振模型各自流场的压力系数，见表 7.4。对比带有扰流板端面的智能封堵器主动减振模型 0 和后面 15 组的结果可知，在加入带有扰流板端面的智能封堵器装置后可以减少封堵过程中的压力变化率，使封堵过程更为稳定，但是无法得到不同参数对于压力系数的定量关系。所以，基于响应面法分析的仿真结果，得到阻力系数（C_d）与三个响应变量之间的数学模型，见式（7.1）：

$$C_d = 857.93 - 12.26 \times n - 7.57 \times d - 12.99 \times m + 0.05 \times n \times d - 0.22 \times n \times m$$
$$- 6.11 \times 10^{-3} \times d \times m + 0.22 \times n^2 + 0.17 \times d^2 + 3.65 \times m^2$$

$$(7.1)$$

　　带有扰流板端面的智能封堵器主动减振模型的方差分析结果见表7.5。根据方差分析结果可知，扰流板的排数（m）是影响封堵致振效果的最主要因素，其次是每层扰流板的个数（n），而与智能封堵器端面边缘的距离（d）对流场压力系数的影响较小。

表 7.5　压力系数的方差分析

项目	平方和	自由度	均方差	F 值	p 值	R^2
模型	101.93	9	11.33	2.95	0.1233	0.8414
n	1.18	1	1.18	0.31	0.6031	
d	0.86	1	0.86	0.22	0.6565	
m	3.36	1	3.36	0.87	0.3929	
$n\times d$	8.52	1	8.52	2.22	0.1967	
$n\times d$	1.56	1	1.56	0.40	0.5526	
$n\times d$	0.030	1	0.030	7.760×10^{-3}	0.9332	
n^2	2.03	1	2.03	0.53	0.5002	
d^2	7.63	1	7.63	1.99	0.2179	
m^2	34.27	1	34.27	8.92	0.0306	
残差	19.21	5	3.84			
总和	121.14	14				

　　为了证明带有扰流板端面的智能封堵器主动减振模型阻力系数模型的合理性，将使用该阻力系数模型的计算结果与通过CFD仿真获得的16种设计方案的模拟结果进行了比较，如图7.8（a）所示。仿真结果分布在通过（0，0）点且斜率为1的直线附近，且误差较小。因此，证明带有扰流板端面的智能封堵器主动减振模型的阻力系数是有效且合理的。图7.8（b）显示了阻力系数残差的正态分布概率，表明残差遵循正态分布。输出值的学生化残差为 x 轴，其百分比为 y

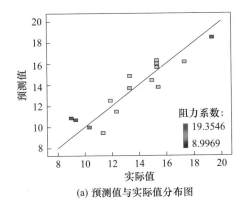

(a) 预测值与实际值分布图

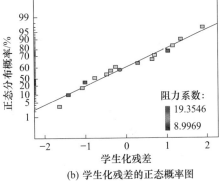

(b) 学生化残差的正态概率图

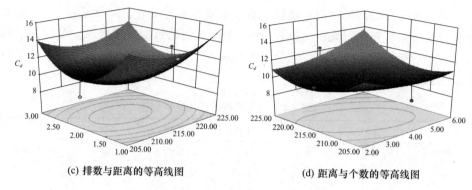

(c) 排数与距离的等高线图   (d) 距离与个数的等高线图

图 7.8　带有扰流板端面的智能封堵器主动减振模型的响应结果

轴。阻力系数在直线周围不规则地分布，并且近似为直线。因此，它可以近似为正态分布曲线。图 7.8（c）、（d）表示各个一阶参数之间的关系，扰流板的个数与距离之间的收敛关系最好，最优的收敛值近似为 2 排，且与智能封堵器端面边缘的距离为 210mm。扰流板的个数与距离之间也相对收敛，扰流板个数的收敛值为 4 个。

至此，完成关于扰流的预实验，扰流板的基本参数见表 7.6。

表 7.6　扰流板的基本参数

序号	名称	符号	参数
1	夹角	α	$30°$
2	面积	A	1500mm
3	个数	n	4
4	排数	m	2
5	距离	d	210mm

7.2　管内智能封堵器扰流减振主动控制流场分析

7.2.1　扰流减振主动控制模型设计

根据带有扰流板端面的智能封堵器主动减振模型预测实验结果，进一步研究在选取该扰流板参数的情况下，扰流板开合情况对不同封堵进程管内流场的影响。为了实现封堵过程中对扰流板的实时控制，需要将连续的封堵进程离散化，将其分为 0%、20%、40%、60%、80% 和 99% 六种情况。同时将扰流板的动作也离散化。因为 8 块扰流板的开合组合较多，难以一次性对所有组合进行分析，所以，假设第一层的扰流板为全开状态，研究第二层扰流板的开合情况对不同封堵进程管内流场的影响。将第二层扰流板的开合组合分成六组不同的扰流模型，即扰流模型 A～F，见表 7.7。

表 7.7　第二层扰流板开合情况

扰流模型 A	扰流模型 B	扰流模型 C	扰流模型 D	扰流模型 E	扰流模型 F

将这六个智能封堵器的扰流模型导入 Fluent 中，改变皮碗的直径，分别模拟封堵进程为 0%、20%、40%、60%、80% 和 99% 的六种情况，共建立 36 种 Fluent 仿真模型。在封堵下游的剖面上每间隔 0.1m 设置一个参考面，依次选取 9 个参考面，以这 9 个参考面作为封堵稳定性的评价参数。

7.2.2　不同扰流减振主动控制模型对管内流场的影响分析

以扰流模型 A 为例，当封堵进程为 0% 时，0.1m 处的压力值分布如图 7.9（a）所示。在该参考面的压力值分布呈交替增减的形式，平均压力值为 0.719MPa，部分压力值小于 1MPa，但仅占整体的 23.59%。所以仍存在许多较大的压力点，其中大于 3.0MPa 的压力点占整体的 54.43%。图 7.9（b）为 0.9m 处压力值的分布情况，在 0.9m 处的压力值整体得到很大的衰减，此时最大压力值为 0.11MPa，且分布较为集中，流场相对比较稳定。图 7.9（c）为 9 个参考面的压力值曲线，随着与智能封堵器距离的增大，管内流场的波动逐渐减小，流场波动呈指数形式下降。图 7.9（d）的横坐标为扰流模型 A～F，纵坐标为不同参考面的最大压力值，随着与智能封堵器距离的增加，流场的波动逐渐减小，但是对于不同扰流工况的衰减速度不同。当参考面一致时，不同工况所能达到的最大压力值也有所不同且呈随机分布状态。图 7.9（e）为扰流模型 A 在不同参考面上的压力系数，压力系数在 0.1～0.4 之间呈先上升再下降趋势，即在该区域中流场产生较大的能量波动。图 7.9（f）为扰流模型 A～F 在不同参考面处的最大压力系数，可知各种扰流模型在封堵过程中都在 0.3m 处产生较大的涡击振动，而在 0.8m 之后的位置流场相对稳定。

同理，对扰流模型 A～F 在封堵进程为 0%～99% 时的流场进行模拟分析，如图 7.10 所示。其中图 7.10（a）为扰流模型 A 在不同封堵进程时 0.1m 处参考面压力最大值，随着封堵进程增加，流场压力的变化逐渐增大，且流场波动

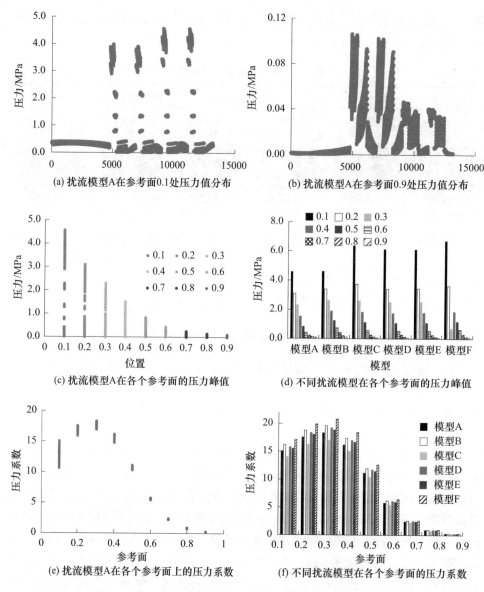

图 7.9　不同扰流模型管内流场压力的影响

呈指数形式增大，尤其是在封堵完成 80% 之后，管内流场产生巨大的压力波动，这也与之前的研究结论相一致。图 7.10（b）为不同扰流模型在不同封堵进程时，管内流场压力最大值变化曲线，随着封堵进程增加，所有扰流模型的管内压力都随之增大，但是不同模型的增长速率不同，与图 7.9（d）相比，扰流模型 C 所在流场的压力增长较小，而扰流模型 E 所在流场的压力增长较大。所以需要在封堵过程中实时更改智能封堵器的扰流模型，即实现扰流减振的主动控制。

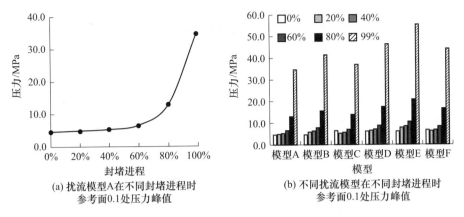

图 7.10　不同封堵进程扰流模型对流场压力的影响

7.3　管内智能封堵器扰流减振的主动控制方法

7.3.1　离散化扰流减振控制模型

根据封堵过程中不同扰流工况时的模拟仿真，将管内流场的压力振动离散化。将智能封堵器扰流模型与封堵进程相组合，得到 36 中不同的扰流工况。其中，A-0 表示为扰流模型 A 在封堵为 0 时的最大压力值，F-99 表示扰流模型 F 在封堵 99% 时最大的压力值。以此类推，得到各种扰流工况模拟仿真的压力值，见表 7.8。

表 7.8　不同扰流工况的压力值

扰流工况	压力/MPa	扰流工况	压力/MPa	扰流工况	压力/MPa
A-0	4.575	C-0	6.366	E-0	6.114
A-20	4.895	C-20	5.220	E-20	7.826
A-40	5.287	C-40	5.638	E-40	8.453
A-60	6.556	C-60	6.991	E-60	10.481
A-80	12.981	C-80	13.843	E-80	20.753
A-99	34.658	C-99	36.959	E-99	55.409
B-0	4.613	D-0	6.120	F-0	6.714
B-20	5.858	D-20	6.548	F-20	6.244
B-40	6.327	D-40	7.072	F-40	6.744
B-60	7.845	D-60	8.769	F-60	8.362
B-80	15.533	D-80	17.364	F-80	16.557
B-99	41.474	D-99	46.362	F-99	44.207

7.3.2 基于神经网络的智能封堵器主动减振预测模型

BP 神经网络（Back Propagation Neural Network，BPNN）是基于误差反向传播算法的多层前馈网络，其对非线性映射的学习效果良好，可以满足任意区间的误差范围要求。BP 神经网络可以学习和适应未知信息，具有分布式信息处理的结构，且具有一定的容错性能。所以，BP 神经网络构造出来的系统具有较好的鲁棒性，适合分析处理复杂的非线性时间序列预测问题。

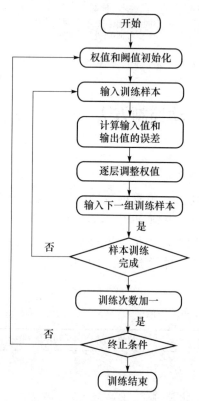

图 7.11 BP 神经网络训练流程图

图 7.11 展示了典型 BP 神经网络训练流程。其算法核心是正向计算网络输出，计算输出值与实际值的误差，再通过误差反向传播逐次修正神经元之间的权值和神经元的阈值。所以 BP 神经网络一次训练的过程包括两个步骤，即信号的正向传递和误差的反向传播。

信号的正向传递就是给定输入信号、输出信号、计算网络输出。设输入层输入向量为：$X_k = (x_1, x_2, \cdots, x_n)$，$k=1, 2, \cdots, m$。其中 n 是输入向量的维数即输入层神经元的个数，m 为训练输入信息的组数。对应的输入信息实际向量为 $d_k = (d_1, d_2, \cdots, d_q)$，$q$ 为输出层神经元个数。则隐藏层输入 s 为：

$$s_j = \sum_{i=1}^{n} w_{ij}x_i - \theta_j \quad (j=1,2,\cdots,p)$$

$$(7.2)$$

其中，w_{ij} 是输入层到隐藏层的连接权值，θ_j 是隐藏层的阈值，p 是隐藏层的神经元个数。

用 BP 神经网络模型预测流场的压力值，将扰流模型 A 在参考面 0.1m 处的压力值每间隔 100 个数据采样一次，选取训练样本 100 个，隐藏层的神经单元为 10 个。BP 神经网络在训练中不断迭代，更新各层之间的权重和阈值，已得到扰流模型 A 在参考面 0.1 处的压力值。

图 7.12 所示为损失函数均方误差随 BP 神经网络迭代周期下降的情况。该模型一共进行了 18 次迭代，其中在第 12 次迭代时达到最小的误差。

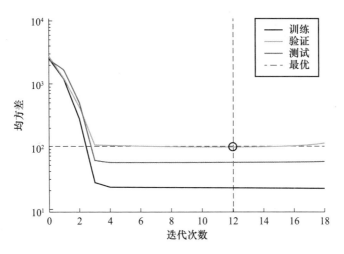

图 7.12　BP 神经网络损失函数随迭代周期变化图

图 7.13（a）为 BP 神经网络预测模型拟合的相关系数，图 7.13（b）为预测结果与实际结果及其误差。

1985 年 Powell 为了缓解多变量差值困难，构建了一种取值大小仅依赖于同原点距离的实值函数，将其命名为径向基函数（Radical Basis Function，RBF）。RBF 可以记为 $k=(\|x-c\|)$，其根据多维空间中任意一点 x 同原点 c 欧氏距离的大小来确定函数值的大小。空间任意点与原点之间的欧式距离越长，RBF 取值越小。

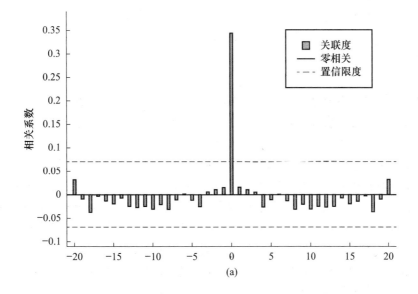

(a)

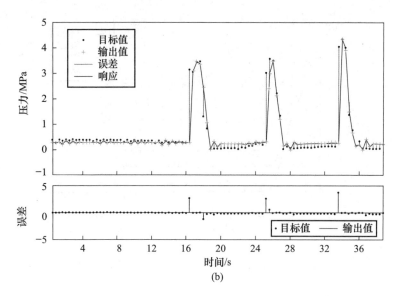

图 7.13　BP 神经网络流场压力预测结果

1988 年，Moody 和 Darken 将 RBF 函数作为激活函数训练神经网络，由此诞生了径向基神经网络（RBF Neural Network，RBFNN）。RBF 神经网络是一种在分类和回归问题中均表现良好的多层前馈式神经网络，典型 RBF 神经网络与传统神经网络结构相似。RBF 神经网络不同于传统 BP 神经网络，以常见的 Sigmoid 函数等非线性函数作为激活函数，其隐藏层神经元的激活函数是径向基函数，这使得各层之间的转换关系有着很大的不同。信号在输入层与隐藏层之间为非线性转换，在隐藏层和输出层之间则是线性的。RBF 神经网络在保证模型精度的前提下，通过简化隐藏层和输出层之间的映射关系，提升模型训练效率。

RBF 网络的基本思想是：将输入特征中难以划分的输入层低维度数据直接映射成隐藏层高维度数据，从而在无需增添权值增大模型复杂度的基础上实现数据的划分，简化了模型结构。将划分完毕后的高维数据代入模型训练回归，在提升效率的同时得到精度较好的预测结果。

RBF 原点的选取对于确定隐藏层到输出层之间的映射关系至关重要。因为在权重可调的基础上，隐藏层神经元激活函数计算结果的加权线性求和即为神经网络输出值，在此基础上的网络权重可以通过求解线性方程得到，从而提升了神经网络的训练速度，避免模型训练陷入局部极小值。而输入层与隐藏层之间的局部非线性也保证了输入层与输出层具有模型全局的非线性映射。

图 7.14 为基于 RBF 神经网络对管内流场压力值的预测模型，其中图 7.14（a）为预测模型的相关系数大小及分布，图 7.14（b）为预测值与实际值的对比及误

差大小。

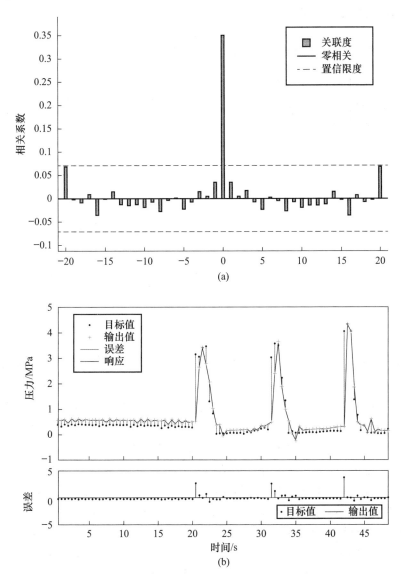

图 7.14 RBF 神经网络流场压力预测结果

7.3.3 基于神经网络预测模型的主动减振控制方法研究

基于 BP 神经网络预测模型分别对不同扰流模型在不同封堵进程时的压力值进行预测，得到的拟合结果如图 7.15 所示。当封堵进程小于 80％时，拟合结果基本一致，误差值小于 2.36％；当封堵进程达到 80％之后，管内流场的波动起伏较大。因此，拟合结果的误差也随之增长，达到 8.07%，但是仍可用于指导智能封堵器主动减振控制的预测。

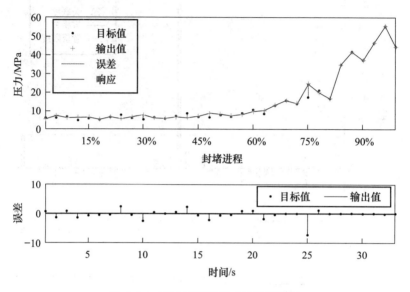

图 7.15　不同封堵进行时的预测模型

通过预测得到的压力值，与表 7.8 所示的扰流工况相比较，可反向指导智能封堵器扰流装置的开合情况。以图 7.15 中这次封堵过程中管内流场变化为例，当封堵进程为 60% 时，此时管内流场压力的预测值为 8.82MPa，该数值更接近于扰流模型 D 在封堵达到 60% 时的压力值 8.77MPa，所以在此次封堵过程中，封堵进程达到 60% 时，主动控制系统指导智能封堵器扰流装置主动开合成扰流模型 D 的状态，即为一次智能封堵器扰流减振主动控制过程。同时对其他未经仿真分析的封堵进程进行插值，并预测出相应的压力值。再根据该封堵时刻的压力值反向对应出智能封堵器扰流模型，直至完成整个封堵进程。

此外，当封堵进程小于 45% 时，管内流场的压力变化较小，且封堵进程每增加 15%，流场压力呈小范围内交替增长的趋势。所以，为了便于智能封堵器主动扰流减振装置的控制，扰流装置在封堵进程每增加 15% 时变化一次开合状态；当封堵进程大于 45% 小于 70% 时，管内流场的变化波动增加，为了保证封堵过程中的稳定性，智能封堵器扰流减振装置随着封堵进程每增加 10%，执行一次主动扰流控制的动作；当封堵进程大于 70% 时，管内流场产生巨大的振动，模型的预测难度增加，精度下降，所以在这一阶段，智能封堵器扰流减振状态随着封堵进程每增加 5% 执行一次主动扰流减振的动作，直至封堵完成。

7.4 管内智能封堵器扰流减振实验

7.4.1 智能封堵器扰流减振实验装置设计

为了验证不同扰流状态时管道内部流场的变化，设计如图 7.16 所示的实验装置。在实验过程中液压泵将水箱中的介质泵入到管道中，调节节流阀的开度使

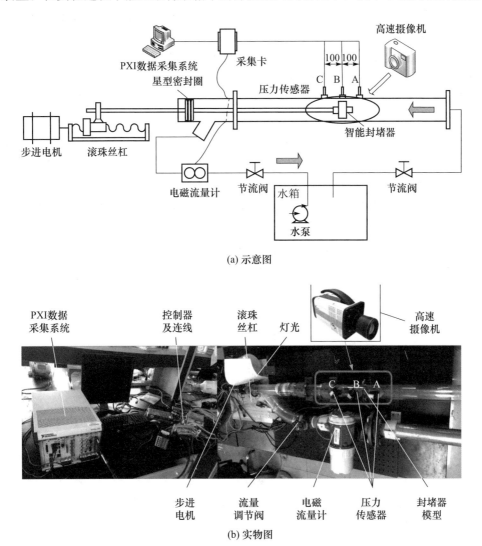

(a) 示意图

(b) 实物图

图 7.16 智能封堵器主动减振实验装置

其达到预先的设定值，待管内介质稳定流动后启动步进电机，使其驱动滚珠丝杠运动，从而推动智能封堵器执行封堵动作。调节电机控制器的脉冲信号改变步进电机的转速从而调节智能封堵器径向速度。更换智能封堵器带有扰流板的端面，重复上述实验步骤。

在封堵段的管道上设置三个压力监测点，分别为 A、B、C，其中 B 点为封堵位置，A 点为封堵上游，C 点为封堵下游，各个监测点之间的间隔为 100mm。同时，在液压泵的输入端设置一个电磁流量计，测量管道的输入流量。

本实验的电机选择为 57BYGH250C 型混合式步进电机，其部分主要参数见表 7.9。57BYGH250C 型混合式步进电机具有调速范围广、控制精度高的优点，且在负载范围内速度与位置的控制只受到脉冲信号的影响，因此便于实现智能封堵器不同径向速度的调控。电机的控制选用整/半步驱动器，具有精度高、振动小的优点。在对智能封堵器的控制中，选择半步驱动，此时电机在每个脉冲的控制下转动 0.9°。动力传动方式采用滚珠丝杠螺母副，其优点在于控制精度高、振动小。滚珠丝杠的型号为 SFU2005-3，其优点在于传动精度高、效率快且轴向作用力大。本实验中选择的传感器分别为 MIK-P300 型压力变送器和 LDG-MIK-DN50 型电磁流量计，其各自的主要参数见表 7.9。数据采集卡为 NI-PXI-6236。本实验所选用的高速摄像机分辨率为每秒 2000 帧时 1280×1024，最高帧速率为 $1×10^6$fps，快门为 $0.2\mu s$。

表 7.9　主动减振实验设备基本参数

装置	参数	数值
步进电机	步距角/(°)	1.8
	保持转矩/N·m	1.8
	定位力矩/kg·cm	1.6
	转动惯量/g·cm	440
滚珠丝杠	公称直径/mm	20
	公称导程/mm	5
	行程/mm	100
	滚珠直径/mm	3.175
压力变送器	供电电源（DC）/V	24
	输出电流/mA	4~20
	精度/级	0.1
	测量范围/MPa	0~1
电磁流量计	直径/mm	50
	供电电源（AC）/V	220
	输出电流/mA	4~20
	最大工作压力/MPa	4.0

实验时，通过更换智能封堵器带有扰流板的端面，分别定义为扰流模型 a~扰流模型 f，如图 7.17 所示，进行不同扰流装置的封堵实验。其中扰流模型 a~扰流模型 f 分别对应表 7.7 中的扰流模型 A~扰流模型 F，但是扰流模型 a 与扰流模型 A 稍有不同。仿真中的模型 A 是第一排扰流板全开的状态，因此是存在扰流的，但是实验中的扰流模型 a 无扰流板的结构，因此不存在扰流，可作为实验的对照组。

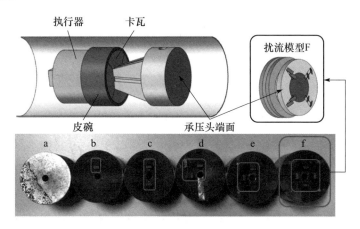

图 7.17　不同扰流板端面

监测不同封堵进程时管壁的压力变化，得到流场的动态分析。实验数据的采集与分析基于 LabVIEW 软件，智能封堵器主动减振控制的 LabVIEW 程序如图 7.18 所示。

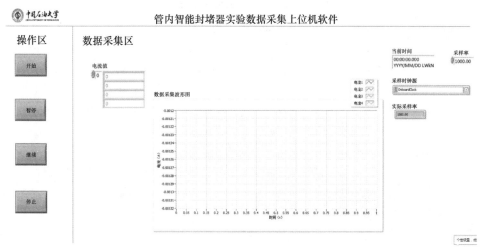

(a) 前面板

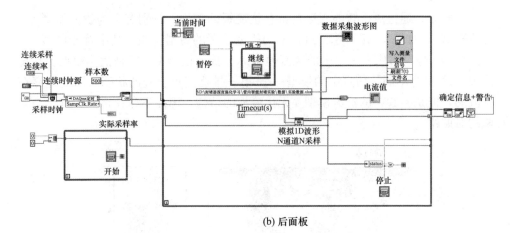

(b) 后面板

图 7.18　智能封堵器主动减振实验 LabVIEW 测量程序图

7.4.2　压力监测实验结果分析

　　根据图 7.16 搭建智能封堵器主动减振实验装置，设置电机及数据采集装置的参数，打开液压泵并调节节流阀的开度，使电磁流量计达到预先设置的流量值。当管道内部充满介质且流动稳定时，开启数据采集系统。封堵进程每推进10%，采集一次管道的压力脉冲信号，为了实验的安全性，当封堵进程完成 95%时停止封堵作业。更换智能封堵器带有扰流板的承压头端面，重复上述实验。得到扰流模型 a～扰流模型 f 在动态封堵过程中三个监测点的压力值，见表 7.10。

表 7.10　不同扰流模型在封堵过程中的压力值

扰流模型	封堵状态	压力 A/kPa	压力 B/kPa	压力 C/kPa	压力差/kPa
	0%	13.58	3.31	11.37	2.20
	10%	14.26	3.14	10.74	3.51
	20%	15.69	2.21	9.75	5.94
	30%	15.93	−4.53	8.77	7.16
	40%	16.38	−8.69	7.36	9.02
扰流模型 a	50%	17.19	−10.97	4.67	12.52
	60%	17.60	−9.79	−1.83	19.43
	70%	18.17	−8.38	−3.13	21.30
	80%	20.78	−6.39	−6.74	27.52
	90%	21.70	5.89	−8.78	30.48
	95%	22.76	13.03	−12.50	35.26

扰流模型	封堵状态	压力 A/kPa	压力 B/kPa	压力 C/kPa	压力差/kPa
	0%	9.68	3.46	9.26	0.42
	10%	10.12	2.27	8.00	2.12
	20%	10.67	2.18	7.43	3.23
	30%	11.04	−1.73	6.62	4.42
	40%	12.22	−4.71	5.09	7.13
扰流模型 b	50%	14.72	−7.95	−1.76	16.48
	60%	16.87	−7.31	−3.25	20.11
	70%	17.31	−5.84	−5.98	23.29
	80%	18.21	−4.20	−7.60	25.80
	90%	20.52	8.09	−8.90	29.41
	95%	23.33	17.23	−9.39	32.71
	0%	10.18	3.22	9.87	0.31
	10%	11.12	1.42	7.31	3.80
	20%	12.06	0.82	7.19	4.87
	30%	14.20	−1.80	6.60	7.60
	40%	15.02	−5.70	4.38	10.64
扰流模型 c	50%	16.28	−6.20	−0.43	16.71
	60%	18.21	−7.09	−2.06	20.27
	70%	18.45	−6.98	−4.14	22.59
	80%	19.63	−3.45	−6.63	26.26
	90%	20.48	3.67	−8.17	28.66
	95%	21.42	9.83	−10.31	31.74
	0%	9.92	3.22	9.79	0.13
	10%	10.18	2.18	6.78	3.40
	20%	11.45	0.06	5.38	6.07
	30%	12.98	−4.82	4.32	8.66
	40%	13.82	−6.87	3.48	10.33
扰流模型 d	50%	15.69	−8.09	−1.91	17.60
	60%	17.82	−8.78	−3.33	21.15
	70%	19.00	−6.93	−5.31	24.32
	80%	20.37	−4.93	−7.66	28.02
	90%	21.15	10.39	−9.06	30.21
	95%	23.49	14.09	−10.47	33.96
	0%	8.45	3.66	6.70	1.75
扰流模型 e	10%	9.56	0.79	6.22	3.34
	20%	10.63	−0.42	4.26	6.37
	30%	12.10	−4.23	3.70	8.40

续表

扰流模型	封堵状态	压力 A/kPa	压力 B/kPa	压力 C/kPa	压力差/kPa
	40%	13.86	−5.88	1.10	12.76
	50%	16.26	−9.23	−1.78	18.04
	60%	18.70	−8.59	−4.16	22.86
扰流模型 e	70%	20.15	−5.62	−6.73	26.88
	80%	21.05	−1.80	−8.05	29.10
	90%	21.41	3.82	−10.73	32.14
	95%	21.59	10.11	−13.36	34.95
	0%	8.08	2.92	7.80	0.28
	10%	8.96	1.74	7.40	1.56
	20%	9.57	0.11	7.03	2.54
	30%	9.72	−3.16	6.33	3.39
	40%	9.88	−4.94	4.82	5.06
扰流模型 f	50%	11.74	−8.18	−1.36	13.10
	60%	14.00	−7.45	−4.69	18.69
	70%	16.96	−5.93	−6.98	23.94
	80%	18.90	−3.77	−8.00	26.90
	90%	20.73	5.09	−10.76	31.49
	95%	22.41	10.12	−11.22	33.63

　　根据表 7.10 所示的结果可知,当封堵完成 50% 之后,管内流场的压力变化增大,但是增大趋势并没有呈现明显的指数形式,因为实验中管内介质的流速较低,涡的产生效果不明显。分别绘制扰流模型 a～扰流模型 f 在监测点 A、B、C 三点处的压力曲线,如图 7.19 所示。其中监测点 A 为封堵上游区,随着封堵进程增加,压力值逐渐增大,且在封堵完成 50% 之前变化率较低。监测点 B 为封堵区域,随着封堵进程增加,该点逐渐由封堵上游变为封堵下游,所以压力值随着封堵进程的增加先减小后增大。监测点 C 为封堵下游区域,压力值随着封堵进程的增加而减小,最终变为负压状态。

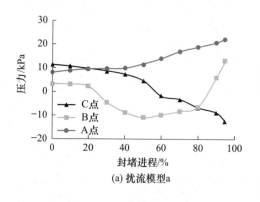

(a) 扰流模型a

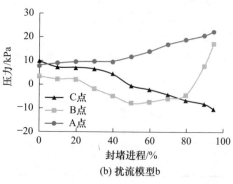

(b) 扰流模型b

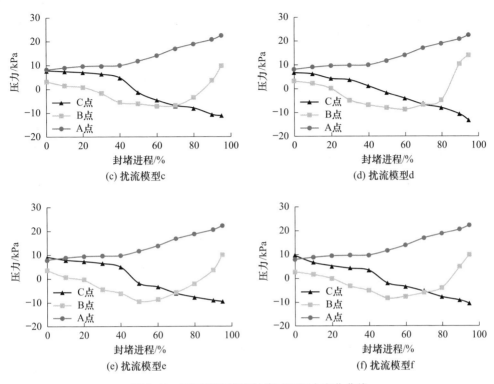

图 7.19 不同扰流模型封堵过程压力变化曲线

图 7.20 为不同扰流模型的压力峰值，其中 AC 点压力差的峰值即为智能封堵器上、下游最大的压力差，该值越大，封堵过程越不稳定。B 点的压力峰值为封堵位置处的最大压力值，该值越大对智能封堵器及管道的损伤越大。两者在不同扰流模型中的变化趋势基本一致，即 AC 点压力差的峰值达到最大的扰流模型在 B 点

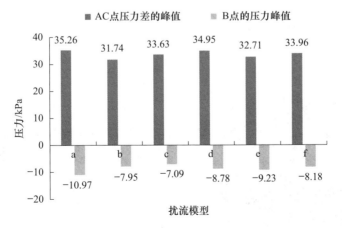

图 7.20 不同扰流模型的压力峰值

处的压力值也最大，所以封堵过程中的稳定性与安全性的影响因素是一致的。不同扰流模型在封堵过程中流场压力的变化由低到高依次为：扰流模型 c、扰流模型 b、扰流模型 f、扰流模型 d、扰流模型 e、和扰流模型 a。这与仿真结果相一致。

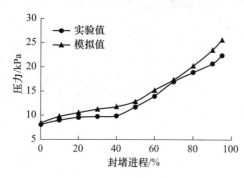

图7.21 实验值与仿真值对比曲线

以扰流模型 a 为例，调整 CFD 仿真参数使其与实验装置相一致，设置模型入口为流量入口，流量值为 $8m^3/h$，得到监测点 A 处在不同封堵进程时的压力值，与实验值相对比，如图 7.21 所示。因为实验装置存在一定的泄漏，所以实验值略小于模拟值，二者的误差为 10.33%，因此认为 CFD 模拟仿真可信，可用于指导管内智能封堵器扰流减振的主动控制系统设计。

7.4.3 流体波动结果分析

依次对扰流模型 a～扰流模型 f 进行动态封堵实验，并利用高速摄像机录制每次封堵过程，确定流体的波动情况。以减振效果较好的扰流模型 b 与扰流模型 f 为例，其图像如图 7.22～图 7.24 所示。其中，图 7.22 为扰流模型 b 在不同封堵进程时管内介质的波动情况，可知随着封堵进程增加，管内介质的波动逐渐增大，当封堵进程完成 70% 时，已经产生较大的振荡形式。

以封堵时管内介质的流动方向为 x 轴，垂直与管道向上的方向为 y 轴建立坐标系。以描点的方式绘制扰流模型 b 管内流场的波动曲线，如图 7.23 所示。根据图 7.23 可清晰地看出不同封堵进程时流场波动的大小。定义在 y 轴方向大于 2mm 的波动为有效波动，x 轴方向第 n 个有效波动的尺寸 y_n，n 个有效波动的和与管道直径 d 的比值定义为封堵过程中的振动率 ζ，即：

$$\zeta = \frac{\sum_{1}^{n} y_n}{d} \times 100\% \qquad (7.3)$$

(a) 封堵完成10%

(b) 封堵完成30%

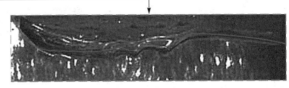

(c) 封堵完成50%

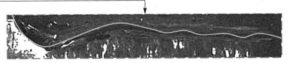

(d) 封堵完成70%

图 7.22　扰流模型 b 管内流场状态

所以，当封堵完成 10% 时，扰流模型 b 管内介质的振动率为 10.6%；当封堵完成 30% 时，扰流模型 b 管内介质的振动率为 12.4%；当封堵完成 50% 时，扰流模型 b 管内介质的振动率为 16.8%；当封堵完成 70% 时，扰流模型 b 管内介质的振动率为 28.3%。与扰流模型 a 相比，整个封堵过程中的平均振动率下降 6%。

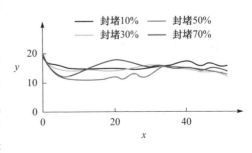

图 7.23　扰流模型 b 管内流场波动曲线

(a) 封堵完成10%

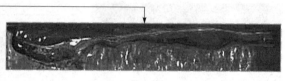

(b) 封堵完成30%

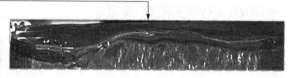

(c) 封堵完成50%

(d) 封堵完成70%

图 7.24　扰流模型 e 管内流场状态

　　同理，图 7.24 为扰流模型 e 管内介质随封堵进程变化而变化的情况，在扰流模型 e 的扰动下，管内流场在封堵完成 50% 时就发生较大的振荡现象，且随着封堵进程的增加，振荡区域及深度都随之增大。

　　将图 7.22 (d) 与图 7.24 (d) 相比较，当封堵完成 70％时，扰流模型 b 管内介质的振动率为 28.3％，而扰流模型 e 管内介质的振动率为 30.5％。因此，在封堵进程相同的情况下，扰流模型 b 的减振效果要优于扰流模型 e，以此验证了智能封堵器主动扰流减振控制的可行性。

　　重复上述步骤，分析动态封堵过程中，扰流模型 a～扰流模型 f 管内流场的波动情况，计算在不同封堵进程时的振动率，见表 7.11。在动态封堵过程中，管内流场的平均振动率从小到大依次为：扰流模型 c、扰流模型 b、扰流模型 d、扰流模型 f、扰流模型 e、和扰流模型 a，与压力监测的结果基本一致。只有两组的顺序不一样，分别为扰流模型 d 和扰流模型 f，但是二者的平均振动率在数值上比较接近，也可以认为二者在减振的效果上比较接近。

表 7.11　不同扰流模型在封堵过程中的振动率

扰流模型	振动率				平均振动率/％
	封堵完成 10％	封堵完成 30％	封堵完成 50％	封堵完成 70％	
a	16.2％	17.6％	25.1％	33.2％	23.025
b	10.6％	12.4％	16.8％	28.3％	17.025
c	10.1％	11.2％	13.7％	26.7％	15.425
d	12.3％	14.6％	20.3％	28.9％	19.025
e	14.5％	17.3％	22.9％	30.5％	21.300
f	14.6％	15.8％	19.6％	29.6％	19.900

　　首先根据智能封堵器结构参数与封堵振动特征的关系，设计了带有扰流板端面的智能封堵器减振结构，并根据 CFD 仿真分析，确定扰流板的个数、分布、角度等相关参数。其次建立了基于扰流板端面的智能封堵器扰流减振模型与封堵振动的关系，模拟了动态封堵过程中，智能封堵器端面结构连续变化时管内流体振动的演化规律，并提出了基于神经网络预测模型的主动控制方法。最后通过设计实验装置，监测智能封堵器扰流减振模型在动态封堵过程中的压力变化与管内流体的波动变化。结果表明，智能封堵器的主动减振控制方法可以降低封堵过程中的振动率 15％左右，验证了智能封堵器主动减振控制方法的可行性，提高了动态封堵作业的安全性和稳定性。

参 考 文 献

[1] 黄维和, 沈鑫, 郝迎鹏. 中国油气管网与能源互联网发展前景 [J]. 北京理工大学学报: 社会科学版, 2019, 21 (1): 1-6.

[2] 陈雪锋. 天然气长输管道定量风险评价方法及其应用研究 [D]. 北京: 北京科技大学, 2020.

[3] 陈登丰. 管道猪技术在管道检测中的应用 [J]. 中国锅炉压力容器安全, 1993, 9 (05): 3-9.

[4] 李世荣, 宋艾玲, 张树军. 我国油气管道现状与发展趋势 [J]. 油气田地面工程, 2006, (06): 7-8.

[5] 马明. 基于 CFD 的管内封堵器湍流振动仿真模拟及实验研究 [D]. 北京: 中国石油大学 (北京), 2010: 32-45.

[6] 罗金恒, 杨锋平, 马秋荣, 等. 新建大落差管道试压排水爆管原因分析 [J]. 油气储运, 2011, 30 (06): 441-444.

[7] 邓涛, 宫敬, 于达, 等. 复杂地形对长距离输气管道试压排水的影响 [J]. 油气储运, 2014, 33 (12): 1326-1330.

[8] 张露. 我国能源运输方式比较研究 [D]. 上海: 上海海运学院, 2001.

[9] 王红菊, 祝悫智, 张延萍. 全球油气管道建设概况 [J]. 油气储运, 2015, 33 (1): 15-18.

[10] 宋艾玲, 梁光川, 王文耀. 世界油气管道现状与发展趋势 [J]. 油气储运, 2006, 25 (10): 1-6, 62, 63.

[11] 祝悫智, 段沛夏, 王红菊, 等. 全球油气管道建设现状及发展趋势 [J]. 油气储运, 2015, 34 (12): 1262-1266.

[12] 江龙强. 管道封堵抢修技术现状及发展 [J]. 内蒙古石油化工, 2011 (2): 100-103.

[13] 马明, 赵弘, 苏鑫, 等. 油气管道封堵抢修技术发展现状与展望 [J]. 石油机械, 2014 (6): 109-112, 118.

[14] M H Yousif, V A Dunayevsky. Hydrate Plug Decomposition: Measurements and Modeling [C] //Proceedings of SPE Annual Technical Conference and Exhibition. Dallas: Society of Petroleum Engineers, 1995: 1-5.

[15] S Brian, S Power, D Randal. Dynamic Freeze Plug Process Proves a Viable Barrier Technique in Sajaa Field [C] //Proceedings of SPE/IADC Drilling Conference. Amsterdam: Society of Petroleum Engineers, 2003: 1-5.

[16] 梁政, 兰洪强, 李莲明, 等. 小管径天然气管道局部冷冻封堵技术 [J]. 天然气工业, 2010 (9): 69-71, 126, 127.

[17] 梁政, 兰洪强, 邓雄, 等. 大管径天然气管道预装冻芯局部冷冻封堵 [J]. 油气储运,

2011, 30 (10)：778-780，717.

[18] 陈应华，喻开安，张宏，等. 海底管道封堵器直线送进机构的设计 [J]. 石油机械，2005 (12)：24-26，84.

[19] 刘忠，赵宏林，房晓明，等. 一种新型的管道封堵器 [J]. 石油机械，2006 (1)：49-51，85.

[20] 刘忠，张宏，房晓明，等. 管道封堵器直角拐弯推进器的设计 [J]. 石油机械，2006 (2)：18-19，78.

[21] 刘忠，赵宏林，张宏，等. 管道封堵器单向直角拐弯送进关键技术研究 [J]. 石油机械，2008 (6)：25-27，93.

[22] 张行，张仕民，王文明，等. 324mm 管道双级封堵器结构设计与分析 [J]. 油气储运，2013 (11)：1227-1231.

[23] 李斌，刘佳良. 新型链式管道封堵器的研制 [J]. 机械设计与制造，2013 (12)：168-169，173.

[24] 邢同超，赵宏林，张蓬，等. 基于单片机和 DDS 信号源在智能封堵器中的应用 [J]. 石油机械，2008，36 (09)：126-128.

[25] 张海英，赵宏林，张蓬，等. 用于智能封堵器的水声通信技术 [J]. 石油机械，2007，35 (09)：101-103.

[26] 樊文斌，张仕民. 管内高压智能封堵器设计 [J]. 石油机械，2008，36 (09)：213-215.

[27] 丁庆新，张仕民，樊文斌，等. 管内智能封堵器：中国，CN101377259 [P]. 2009-03-04.

[28] 耿岱，张仕民，王德国，等. 管道智能封堵器锚爪结构的优化 [J]. 油气储运，2011，30 (04)：279-282.

[29] 贺滕，王维斌，赵弘，等. 基于 FLUENT 管内封堵器周围流场的数值模拟 [J]. 油气储运，2013，32 (06)：615-619.

[30] 赵弘，贺滕. 管内封堵器锁紧装置：中国，CN103047509 B [P]. 2013-06-05.

[31] E Tveit, J Aleksandersen. Remote Controlled (TetherLess) High Pressure Isolation System [C] //Proceedings of Asia Pacific and Gas Conference and Exhibition. Brisbane：Society of Petroleum Engineers, 2000：1-5.

[32] R Parrott, E Tveit. Onshore, Offshore Use of High-pressure Pipeline Isolation Plugs for Operating Pipeline Construction, Maintenance [J]. Pipeline and Gas Journal, 2005, 232 (1)：34-35.

[33] 李双双. 往复式压缩机管道的动力特性研究及工程应用 [D]. 成都：西南石油大学，2016：44-48.

[34] 杨文武. 海洋立管流致振动预测模型及非线性动力学研究 [D]. 成都：西南石油大学，2018：32-36.

[35] 董国朝. 钝体绕流及风致振动流固耦合的 CFD 研究 [D]. 长沙：湖南大学，2012：49-65.

[36] B Zohuri, N Fathi. Compressible Flow [M]. Beijing：Taylor and Francis, 2015：27-32.

[37] 潘献辉，王生辉，杨守智. 反渗透差动式能量回收装置的试验研究 [J]. 中国给水排水，2011，27（09）：41-44.

[38] R P Mendes，B Souza，A Mb，et al. Resistive Force of Wax Deposits During Pigging Operations [J]. Journal of Energy Resources Technology，1999，12（3）：167-172.

[39] S V Patankar. Numerical Heat Transfer and Fluid Flow [M]. London：London Taylor & Francis，1980：39-43.

[40] H Versteeg，W Malalasekera. An Introduction to Computational Fluid Dynamics：The Finite Volume Method [M]. Pearson Education，2007：48-53.

[41] 周宏伟. 颗粒阻尼及其控制的研究与应用 [D]. 南京：南京航空航天大学，2008：23-29.

[42] 邱秉权. 分析力学 [M]. 北京：铁道出版社，1998.

[43] 赫雄. ADAMS动力学仿真算法及参数设置分析 [J]. 传动技术，2005（3）：27-30

[44] 马宝胜. 响应面方法在多种实际优化问题中的应用 [D]. 北京：北京工业大学，2007：38-44.

[45] C H Song，K B Kwon，J Y Park，et al. Optimum Design of The Internal Flushing Channel of A Drill Bit Using RSM and CFD Simulation [J]. International Journal of Precision Engineering & Manufacturing，2014，15（6）：1041-1050.

[46] 马巍威，吴小林，姬忠礼. 基于响应面法的折流板除雾器分离性能优化 [J]. 过程工程学报，2018，18（4）：689-696.

[47] 赵弘，吴婷婷，徐泉，等. 3D 打印类岩石材料的实验优化研究 [J]. 石油科学通报，2017，2（03）：399-412.

[48] H Zhao，H R Hu. Optimal Design of A Pipe Isolation Plugging Tool Using A Computational Fluid Dynamics Simulation with Response Surface Methodology and A Modified Genetic Algorithm [J]. Advances in Mechanical Engineering，2017，9（10）：1-12.

[49] H Rastgou，S Saedodin. Numerical Simulation of An Axisymmetric Separated and Reattached Flow Over A Longitudinal Blunt Circular Cylinder [J]. Journal of Fluids and Structures，2013，42：13-24.

[50] H Xiao，Z Z Xu，L S Kim，et al. Experimental Research on A Hypersonic Configuration with Blunt Forebody Edges [J]. International Journal of Precision Engineering and Manufacturing，2015，10（16）：2115-2120.

[51] B Khalighi，S Jindal，G Iaccarino. Aerodynamic Flow Around A Sport Utility Vehicle—Computational and Experimental Investigation [J]. Journal of Wind Engineering and Industrial Aerodynamics，2012，107-108，140，148.

[52] D Cóstola，B Blocken，J L M Hensen. Overview of Pressure Coefficient Data in Building energy Simulation and Airflow Network Programs [J]. Building and Environment，2009，44（10）：2027-2036.

[53] X Guo，J Lin，D Nie. New Formula for Drag Coefficient of Cylindrical Particles [J]. Particuology，2011，9（2）：114-120.

［54］ H Nafisi，S M M Agah，H A Abyaneh，et al. Two-Stage Optimization Method for Energy Loss Minimization in Microgrid Based on Smart Power Management Scheme of PHEVs ［J］. Ieee Transactions On Smart Grid，2016，7（3）：1268-1276.

［55］ B Gordan，B Gordan，D Jahed Armaghani，et al. Prediction of Seismic Slope Stability through Combination of Particle Swarm Optimization and Neural Network ［J］. Engineering with Computers，2016，32（1）：85-97.

［56］ X Yu，X Xiong，Y Wu. A PSO-based Approach to Optimal Capacitor Placement with Harmonic Distortion Consideration ［J］. Electric Power Systems Research，2004，71（1）：27-33.

［57］ 刘亚东. 基于神经网络的电厂锅炉故障诊断研究 ［D］. 石家庄：河北科技大学，2017：35-49.

［58］ A H Pham，C Y Lee，J H Seo，et al. Laminar Flow Past an Oscillating Circular Cylinder In Cross Flow ［J］. Journal of Marine Science and Technology，2010，18（3）：361-368.

［59］ T T Do，L Chen，J Y Tu. Numerical Simulations of Flows Over a Forced Oscillating Cylinder ［C］//Proceedings of 16th Australasian Fluid Mechanics Conference. Gold Coast：The University of Queensland，2007：1-10.

［60］ A Placzek，J F Sigrist，A Hamdouni. Numerical Simulation of Oscillating Cylinder in A Cross-flow at Low Reynolds Number：Forced and Free Oscillations ［J］. Computer and Fluids，2009，38（1）：80-100

［61］ 江帆，黄鹏. Fluent 高级应用与实例分析 ［M］. 北京：清华大学出版社，2008.

［62］ 曾强，马贵阳，江东方，等. 液体管道水击计算方法综述 ［J］. 当代化工，2013（8）：1189-1193，1197.

［63］ 任东芮. 水击理论及水击波速研究 ［D］. 郑州：郑州大学，2016.

［64］ 薛永飞，车福亮，王迎辉，等. 有压管路中阀门关闭特性的数值研究 ［J］. 河南工程学院学报：自然科学版，2009（3）：6-9.

［65］ 张阳. 长输管道水击分析及其控制研究 ［J］. 管道技术与设备，2017（1）：13-14，19.

［66］ A Bergant，A R Simpson，A S Tijsseling. Water Hammer with Column Separation：A Historical Review ［J］. Journal of Fluids and Structures，2006，22（2）：135-171.

［67］ 李玉科，李亦南. 阀门关闭参数优化研究 ［J］. 武汉理工大学学报：信息与管理工程版，2013（6）：867-869.

［68］ 唐海燕. 成品油管道经济流速的确定 ［J］. 石油规划设计，2007（2）：33-34，43.

［69］ 蔡天净，唐瀚. Savitzky-Golay 平滑滤波器的最小二乘拟合原理综述 ［J］. 数字通信，2011（1）：63-68，82.

［70］ 杨丽娟，张白桦，叶旭桢. 快速傅里叶变换 FFT 及其应用 ［J］. 光电工程，2004（增1）：1-3，7.

［71］ H Zhao，F B Meng，T T Wu，et al. An Energy-saving Position Control System of The Pipe Isolation Tool ［C］//CSAA/IET International Scientific-Technical Conference on Actual Problems of Electronics Instrument Engineering. Guiyang：Naval University of Engineerig，2018：48-53.

［72］李健. 基于模糊 PID 的无人水下机器人运动控制研究［D］. 大连：大连理工大学，2016：58-72.

［73］刘小华. 翼板扰流器对管线绕流和涡激振动影响的二维数值研究［D］. 大连：大连理工大学，2013：55-62.

［74］谷斐. 隔水管涡激振动抑制装置的流动控制实验研究［D］. 上海：上海交通大学，2012：41-52.

［75］陈雁玲. 基于仿生学的羽翼形隔水管涡激振动抑制装置的实验研究［D］. 秦皇岛：燕山大学，2018：26-35.

［76］苗兴园，赵弘. 管内智能封堵器气动减振控制系统设计［J］. 机床与液压，2021，49（11）：75-81.

［77］苗兴园，赵弘. 基于蒙特卡罗算法的管内智能封堵器减振结构优化设计［J］. 石油矿场机械，2020，49（06）：49-57.

［78］苗兴园，赵弘，王晨鉴. 管内智能封堵器减振结构设计及优化［J］. 石油机械，2020，48（05）：99-106.

［79］赏益. 基于改进神经网络的风电功率预测研究［D］. 南京：南京信息工程大学，2020：34-59.

［80］傅依娴. 基于深度学习的恶意代码检测技术［D］. 北京：中国人民公安大学，2020：23-42.

［81］胡浩然. 管内封堵器动态过程模拟及优化控制研究［D］. 北京：中国石油大学（北京），2017：37-52.

［82］贺腾. 基于 CFD 管内封堵器周围流场的数值模拟及结构设计［D］. 北京：中国石油大学（北京），2014：55-84.

［83］马明. 基于 CFD 的管内封堵器湍流振动仿真模拟及实验研究［D］. 北京：中国石油大学（北京），2015：20-26.